酒店空间细部集成

北京吉典博图文化传播有限公司 编

I

COLLECTION
OF THE DETAILS
IN HOTEL SPACE

華中科技大學出版社
http://www.hustp.com

COLLECTION OF THE DETAILS IN HOTEL SPACE Ⅰ

contents

COLLECTION
OF THE DETAILS
IN HOTEL
SPACE Ⅰ

HOTEL LOBBY

HOTEL LOBBY

大堂

COLLECTION OF THE DETAILS IN HOTEL SPACE Ⅰ

酒店空间细部集成 Ⅰ

SHER-ATON
DAMEISHA RESORT HOTEL SHENZHEN

深圳大梅沙喜来登度假酒店

深圳大梅沙喜来登度假酒店位于深圳东海岸大梅沙海滨浴场，占据绝佳的地理位置，整个酒店就建在一片沙滩之上，从酒店大堂可以直接步入沙滩，进入海滨，到大海的距离不超过二十米。大堂的环形玻璃顶，采用全透明采光，完全贴合环保节能的新概念，蓝天此刻也是尽在咫尺。正中间绿色植物环绕着人造喷泉，巨型类似贝壳制成的吊灯给略显空旷的空间增添无限暖意，独特的视觉效果，令空间更显气派生动。位于中心的大堂吧，设计师以现代抽象的图纹材料展示各种饮品的新鲜与刺激，甜点的香甜与丝滑，音乐带来的温馨与浪漫。

BURJ
AL ARAB

在距魅力之城迪拜的卓美亚海滩280米的一座人工岛上，卓美亚BurjAlArab拔地而起，雄踞阿拉伯湾。这家标志性的酒店是世界最奢华的酒店，堪称现代建筑的杰作。其外形酷似一艘高达321米的阿拉伯式独桅帆船的风帆，高耸入云，屹立于迪拜海岸线之上。

卓美亚BurjAlArab的内部设计唤起现代的阿拉伯式狂想。宏伟的大堂铺有豪华地毯，色彩丰富鲜明、用料极致奢华。红色和黄色的座椅和沙发延续着宏伟的主题。

中层喷泉的色彩和花式千变万化，经程序编制可喷射出高达32米的水柱，将人们的目光吸引到180米的蓝色三角形天花板上。慢慢地，内部空间的宽敞程度愈加明显。透过酒店内巨大的全景窗户可欣赏阿拉伯湾的美景，让感受愈加强烈。

由于是以水上的帆为外观造型，因此饭店到处都是与水有关的主题（也许在沙漠国家，水比金更彰显财力）。一进饭店门的两大喷水池，不时有不同的喷水方式，每一种皆经过精心设计，每15～20分钟就换一种喷法，跟水舞没什么两样，搭着电梯还可以欣赏高达十几米的水族箱，很难相信外面就是炎热高温的阿拉伯沙漠。

JUMEIRAH ZABEEL SARAY

这家美轮美奂的海滩度假酒店位于迪拜卓美亚棕榈岛新月形区域西部，可饱览阿拉伯湾和迪拜天际线的绚丽景观。酒店风格优雅考究，装潢奢华富丽，令人仿若身处奥斯曼帝国的辉煌时代。巧夺天工的手绘天花板和壁画、精心打磨的大理石、雅致的水晶枝形吊灯，以及备受顶级美术馆追捧的东方艺术品，于奢华之中彰显卓越品位。大堂中庭的喷泉水池使宾客进入这座气势雄伟的建筑后油然而生出一种亲近自然感，同时使整个空间设计的元素与氛围完美地融合。

PARK HYATT BEIJING

北京柏悦酒店

北京柏悦餐厅坐落于酒店66层，360度视角将北京的风情尽收眼底。北京柏悦酒店用现代的手法贯穿于整个空间中，酒店设计风格追求简洁舒适。大面积的落地玻璃幕墙，加上一道半透明的窗纱，让原本低调的空间增添了份含蓄。酒店墙面采用了大胆的暗红色为主的墙面设计，强调了中国式的审美，以大面积的纯色压住了周围细节的琐碎感。天花的黑镜，则有效提升了空间的高度。黑色天花与日光灯交相辉映，加上精美别致的座椅，别具特色的装饰物，摇曳的地灯光，黑色镜面玻璃配合变色灯光，与众不同的电梯背景墙设计等等，不仅丰富了整个空间设计，还营造出典雅尊贵、精致大方的酒店环境。

CROWNE PLAZA HOTEL GUANGZHOU

广州翡翠皇冠假日酒店

广州翡翠皇冠假日酒店透明的玻璃天穹，呈现水蓝色的视觉效果，宽敞而明净给人以强烈的空间视觉冲击，两侧装饰及陈设以其为中心线呈对称式分布。整个空间是以乳白色为主，侧边的接待台均采用弧形相错的立体造型，形成白色的瓦片效果。18米高的高端时尚大堂吧——“汇点”，集酒廊、娱乐、电脑上网区、图书阅览区、电子资讯、商务中心、票务中心于一体，功能各异的区域单独地立于四面环水的圆形平台内。环水的走廊采用墨绿色竹叶水墨画地毯及葱郁的林木，给人清幽、宁静与平和之感。中心处还设有圆形休闲座椅，呈弧形的金属落地灯点缀出简单的午后畅谈景致。

位于二层的弧形走廊的侧壁是采用具有不同角度的弧线形玻璃片组成，微风拂过，似绿色湖水荡漾在空中，清凉渗透全身。设计师将有形与无形的水以不同形态进行了完美诠释，注重空间内涵的塑造，激发空间的相互对话。立于廊道上向上仰视，金属架搭建的网格形成了新的构成语言，其中每一个点、每一条支架所形成的每一个三角形和矩形在重复的过程中展现它独特的艺术魅力。

白色半包式玻璃柱隔断，在红色吧台椅的衬托下，耀眼而醒目。酒店专门提供的苹果iMac电脑服务，让你体会一种别样的怡然自得。走到尽头的酒吧区域配有一个液晶大屏幕电视墙，全天滚动播放体育赛事和娱乐节目，亦可作为重要客人的标志牌和公布特别信息之用。设计师将最放松与最舒适的环境设立在大堂，重在表现酒店对人的关怀与重视，也充分体现设计师将设计的目的定位在人的身体与心理的双重感受上，如此贴心的安排正是广州翡翠皇冠假日酒店的宗旨。

CHIME-LONG HOTEL GUANGZHOU

广州长隆酒店

广州长隆酒店是长隆集团倾力打造全新国际水平的超大型会议休闲度假酒店，地处中国5A级精品景区——长隆旅游度假区的中心地段，是中国唯一一家坐落于野生动物旅游景区的以生态园林为主题的会议酒店。酒店融入了不同生态的特色理念，拥有全中国唯一放养白虎及火烈鸟的中庭花园，坐拥六千余亩翠景，放眼尽是奇花异卉与片片嫩绿。咫尺之隔饱览大自然的奇妙造化，让您亲身体会非洲草原的自然气息，置身其中有种回归自然之感。

酒店大堂宽敞宏伟，摆放了各种绿树与花草，并采用自然光的照明，充分体会到人与自然的融合。再辅以雕塑、园林灯柱、精致栏杆的点缀，使整个大堂洋溢着浓郁的自然气息。酒店入口处造型新颖、美观且富有现代特色。立体感的金属造型，再配上流动感强的现代灯光，足以引起宾客的浓厚兴趣，使整个大堂空间充满了生机和活力，营造出迎候八方来客的浓郁氛围。

KINGKEY PALACE HOTEL SHENZHEN

深圳大梅沙京基海湾酒店

大梅沙京基海湾酒店整体空间设计在点、线、面的穿插中营造一种艺术韵律。通过对材质、光、绿化的有机结合，形成全新的酒店文化。酒店设计结合当地人文，在档次、品位上提升，突出体现酒店的人文文化，布局上体现人性化设计、注重细节。在设计上灵活应用一些艺术符号及元素，并结合软装饰，打造出了一个精致、高品位的酒店环境，餐厅服务总台设计，采用绿化、竹子、灯光等衬托服务台的设计氛围，服务台运用别具一格的大理石吧台，隐隐约约的大理石地面反光效果，使整个空间有虚有实、错落有致、相互浸透。大厅为传统敞开式的设计，利用自然光、射灯、壁灯各自的光照效果，加上材质颜色的搭配，让空间有深沉与明亮，深与浅、重与轻的效果对比强烈的黑白颜色，活泼的点、线、面元素结合在一起，共同营造一个和谐的酒店氛围。大厅设计利用哑面与光面、深色与浅色的材质搭配设计手法处理，展现出粗犷、细致的和谐美；在大厅不同角度都有不同的风景、不同的感受、不同的感慨。

PUDONG SHANGRI-LA HOTEL SHANGHAI

上海浦东香格里拉酒店

上海浦东香格里拉酒店地处陆家嘴金融贸易区，毗邻黄浦江而建，可俯瞰迷人风光。酒店由国际知名设计公司设计，总体风格延续了香格里拉酒店品牌的文化理念，运用折中主义设计语言，塑造温馨、亲切的空间氛围。

在装饰元素上通过简练而活跃的造型元素来突出空间的个性，运用丰富的肌理突出空间的装饰层次。采用温暖而亮丽的暖色调烘托空间的气氛，精心设计的曲线造型给人轻松自然的感受。

GARD-EN HOTEL SHANGHAI

上海花园饭店

酒店位于闹中取静的市中心茂名南路，毗邻繁华的淮海路。建筑由新建的33层主楼与建于20世纪20年代原法国俱乐部巴洛克式老建筑共同组合而成，同时融入近3万平方米的绿色花园，为客户提供了豪华温馨、舒适心宁的空间环境，整个酒店设计风格将古典高雅与豪华、舒适融于一体。

SOFITEL
WANDA BEIJING

北京万达索菲特酒店

北京万达索菲特大饭店位于北京长安街，酒店室内装修设计将法式奢华风姿与中国华丽韵致完美结合，充分营造了时尚、文化、艺术与舒适感的体验空间。酒店大堂利用高大的空间尺度营造大气的空间氛围，采用中国传统的建筑装饰元素点缀室内环境空间，总体风格集合现代与传统设计语言于一身，夸张的设计手法给人以震撼的视觉效果。

索菲特酒店的大堂空间设计点缀最多的空间装饰构件是带有中式风格的艺术品摆件和装饰绘画，这些精心摆放的艺术品在大堂空间中起到调节空间气氛的关键作用，通过一层层的精心设计使整个大堂空间中的层次感突出，充满了浓郁的后现代中式装饰风格。

在大堂中运用中式和后现代风格的家具装饰空间，进而形成混搭的效果。空间装饰构件的造型选择，与总体装饰语言协调，形成丰富的空间层次。

大堂空间中夸大尺度的中式装饰构件在空间中扮演了重要角色，使得空间的氛围充满了典雅和稳重感。这些装饰构件既有分隔空间的作用，同时兼具每个分隔后空间的视觉焦点的作用，这些细部设计共同构成了调节室内氛围的亮点。

HYATT
ON THE BUND SHANGHAI
上海外滩茂悦大酒店

酒店大堂中有一个备有双层玻璃墙、流水经过的室内空间，宾客在此可以享受自然阳光，听到流水潺潺，给人以无限的惬意之感。室内空间通过精心设计的钢结构玻璃空间将室外空间和室内空间有机的联系成一个整体。流动的水和绿化形成了自然景观和现代钢结构机械美感的强烈对比，空间中充满了强烈的冲击感。

上海外滩茂悦大酒店是由世茂集团投资建造的总高120米的双子塔结构，为著名的君悦品牌家族中的一员。酒店为了突出其独特优越的地理位置，在设计时选择了最理想的房间角度，使大部分客房都能俯瞰外滩的历史风貌和浦东沿岸的摩登高楼大厦。

THE OPPOSITE HOUSE

北京瑜舍酒店

大堂空间随处可见简约的时尚感，在细节上突出中华古典意蕴，与当代文化自然有序地结合，突出营造舒适的空间享受。空间运用大面积的红色作为隐喻的语言突出地域文化在酒店文化中的体现。由特殊材质构成的装饰墙面被整体统一的尺度分割，形成肌理的构架，在尺度上与大堂空间的其他部位形成秩序上的统一。

酒店位于北京市朝阳区三里屯路，作为一家都会风尚酒店，由日本著名设计师构思打造。酒店大堂空间强调浓烈的时代风格和无限舒展的空间可能性，完美诠释了个性化服务的新典范。在大堂空间中借鉴商业空间中的设计手法，运用时尚的设计元素通过有序设计，对空间的延展性进行了全面探讨，并起到了蒙太奇装饰效果，大堂空间周边空间的有机连接在装饰语言的搭配中形成了丰富的视觉层次。

大堂中摆放的以服装为题材的空间装置与中庭内的垂挂装饰形成呼应的关系，并在平面空间上形成视觉中心，通过这种摆设形成的装饰效果将整个大堂空间的平面与垂直关系有机地联系在一起。

运用艺术装置的设计语言在大堂中形成拓展的概念也是这个大堂设计的成功元素之一，在大堂中庭垂挂的金属装饰物形成了如服装织物般的柔软质感，灰色的质感与红色玻璃形成鲜明的对比。

RADISSON HOTEL PUDONG CENTURY PARK SHANGHAI

上海证大丽笙酒店

上海证大丽笙酒店坐落于充满活力的上海浦东，毗邻大拇指广场。酒店以精致简约的现代派风格诠释时尚与优雅的新定义。酒店室内以精致简约的现代派风格设计，突出环境空间的时尚与优雅的氛围。

酒店大堂位于高大的中庭之中，大堂吧与此空间紧密相连。运用红色等象征中国传统文化的装饰元素点缀中庭，在空间中形成绚丽的空间氛围。

运用线这个造型元素作为大堂空间的造型语言，地面的手工地毯的装饰图案和整个大堂及中庭的装饰色彩形成统一的整体感。空间中散布的红色成为大堂空间气氛的节奏控制元素，运用色彩在空间中应用将大堂连通的相关空间有机地联系在一起。

THE REGENT BEIJING

北京丽晶酒店

丽晶酒店位于北京王府井商业中心区——金宝街，邻近各名胜古迹，酒店的室内设计是现代奢华与中华传统文化精粹完美结合的典范。丽晶酒店的大堂在建筑设计中保留了开敞通透的空间性格，在空间的尺度上具有大气，豪华感，通过室内精心的设计更加强调了这种感觉，空间中运用中国传统建筑装饰语言中云和水的造型元素突出酒店的地域文脉特征，空间的感染力强，表现了设计师在大空间尺度上的娴熟操控能力。在大堂空间中大量的金属、木头和石材等材质有机结合，形成了丰富的层次，温文尔雅、含蓄的空间氛围凸显了酒店的文化特征。

RADIS-SON

HOTEL SHANGHAI NEW WORLD

上海新世界丽笙酒店

上海新世界丽笙大酒店坐落于繁华的南京西路上，酒店的设计风格兼具优雅与现代特色。大堂空间强调空间的造型感，运用弧线造型作为空间的造型语言，运用空间界面的肌理变化突出空间的重点，形成视觉上的冲击感。

在大堂中运用玻璃材质的色彩和肌理突出装饰效果，形成通透而明快的空间性格，并在空间节奏上形成了层次变化，从而产生丰富的视觉效果。大堂内的共享空间与二楼的大堂吧相连，精心设计的弧线造型元素被合理地分配在室内空间之中，共享空间中栏杆造型与二楼大堂吧的装饰隔断相呼应，在空间上形成暗示的效果。

HILYON
WANGFUJING
BEIJING

北京王府井希尔顿酒店

北京王府井希尔顿酒店选址于北京最为著名的繁华商业区王府井大街。酒店提供超大空间的客房，舒适宽敞。室内装饰强调细微处的精工品质。设计上突出酒店地域传统文化与国际大都市交相辉映的迷人魅力。

大堂空间采用木纹状的大理石形成华丽的空间环境，在主要的空间转折部位放置特别的装饰品，起到了空间的暗示作用，通往其他空间的过道采用欧式的装饰图案，凸显了酒店的豪华感，同时在室内空间中削弱了石材墙面带来的沉闷感。

PANGU

7 STAR HOTEL BEIJING

北京盘古七星酒店

盘古七星酒店名字中的盘古，是中国神话中天与地的创造者。七星即北斗七星，是自古以来一直为旅人指引方向的幸运星座，同时也寓意酒店内独有的豪华享受已大大超越一般的传统体验。酒店设计在中式典雅魅力中融入西方现代元素，尽显高贵的同时，又令人倍觉温馨。大堂充满自然的日光，以金色暖调为主，佐以意大利黄洞石地板及刻有龙图案的黄色地毯，彰显中国帝皇气派。黑色大理石的接待台醒目中带着庄重，蓝色欧式座椅打破了空间的接待台的凝重与空间的中式格调，形成了一道亮丽的风景线。

酒店入口处金色灯光衬托的圆形吊顶，与地面的圆形石桌毯遥相呼应，古典的座椅与两侧的青柏寓意长远，墙上中国著名画作将古典的气场营造的淋漓尽致。毗邻酒店大堂的因缘庭优雅而完美地体现着盘古七星酒店的精髓。在温暖的壁炉与皮质沙发间营造的悠闲下午茶的氛围中，尽情享受因缘庭提供的丰富酒类，包括来自世界各地的精品红酒和香槟，以及各种创意新颖的鸡尾酒。设计师除了展现中国风水、字画、家具以及陈设之外，将古典文学也融于设计当中。抬头仰望，珍贵的花梨木天花板精雕细琢，再现了经典名著《红楼梦》中的壮丽场景，盘古七星酒店就是一个可以随时进出的大观园，富丽堂皇、精美华贵让人无限享受。

大堂以彰显中国标志的花岗岩龙形雕刻为装饰，搭配充满现代气息的中国传统乐器琵琶的壁灯为点缀，运用中国传统色彩的白色、黄色、红色、青色和黑色为渲染，设计师将现代版的中国皇家庭院搬进了酒店内，彰显酒店的高贵与豪华。宽敞明亮的走廊，每隔一段都设有高大的壁炉和休闲的座椅，楼梯的墙壁上刻画着中国的祥云，地面铺放着龙形地毯，再加上现代的家具摆设、照明系统及先进设备均由全球领先品牌设计，充分展示出酒店高品质的保障与贵宾级的享受。

QUINC-Y

HOTEL

酒店是一座覆盖了建筑设计、室内设计、景观设计等各个要素的精品。从它身上可以看到一种设计概念是如何在所有设计要素中穿插执行的，体现了创造性和设计的一致性。酒店中每一个空间都是独特的，都有着自己个性的布局，提供了不同的体验。其目标是营造可持续和不受时间影响的空间，不同于其他的精品酒店。在强调个性、魅力、豪华和混搭的主题之外，结合了现代设计要素和最新的娱乐设施。各种不同颜色的、看上去是随意堆叠的点点灯光，营造了幽静的氛围。而黑灰色的钢质细节部分与灯光映照的花岗岩石材更可以看出新旧元素之间的融合。

STUDIO

M HOTEL

酒店由意大利极简主义设计大师、建筑师担当设计，是一家全新而时髦的酒店。酒店采用超时尚和现代化的室内装饰，在整体上使用纯白的色调，看上去干净舒服又摩登。在大堂区域设有5米高的豪华吊灯，别致舒适的环境与现代功能在此完美结合，是喜爱社交的商务旅客平衡工作与生活的天堂。

酒店以“体贴入微”为理念，追崇时尚，儒雅简约却不失敞亮住宿的新型商务酒店，集时尚与功能于一体的全阁楼式酒店，面积不大但是空间高挑，灯饰和摆设非常有设计感，在追求美观的同时也注重功能性，旨在重新界定旅行之艺术。为追求潮流、独具品位的旅客提供了一个完美之处，供其品味时尚风情与先进技术相互交织的和谐美感。

KEMPI-NSKI HOTEL SHENZHEN

深圳凯宾斯基酒店

凯宾斯基酒店在大堂的设计中整体使用了暖色的基调，并在局部以蓝色点缀，形成有趣的对比关系，让来到这里的客人感觉十分舒适。大堂顶部的圆形造型和地面流动的曲线形成呼应，给空间增添了趣味性和亲和力。由大堂转入休息区，空间开始变得惊艳而富有立体感。色彩由暖色调变为冷调为主。蔚蓝的天空、深蓝的地毯与大堂形成强烈对比，令人眼前一亮且又耐人寻味。整体空间以顶棚的色彩和造型及地面材质来进行功能区分，显出了设计师的独具匠心。

THE RITZ-CARLTON GUANGZHOU

广州富力丽思卡尔顿

广州富力丽思卡尔顿酒店以其高贵典雅且和谐舒适的古典欧式设计，彰显丽思卡尔顿及其宾客的独到品位。设计师运用现代的手法诠释了经典，拱形的花式吊顶，与下边的莲花水池相得益彰，色彩柔美尽显豪华装扮。大堂虽小但却展示了它独到的魅力，暖黄色为基调营造出高尚而典雅；厚实的地毯和复古的家具像是进入家里，自然中充满了温馨；走廊上摆设的三五张座椅，不仅是空间的点缀也是酒店提供给宾客体贴入微的个性化服务；大堂吧在鹅黄的午后阳光下，独享茶与咖啡混合的香气，钢琴师沉浸在自己的音乐世界里，宾客则在设计师创造出的富丽豪华的宫殿中纵情享受。

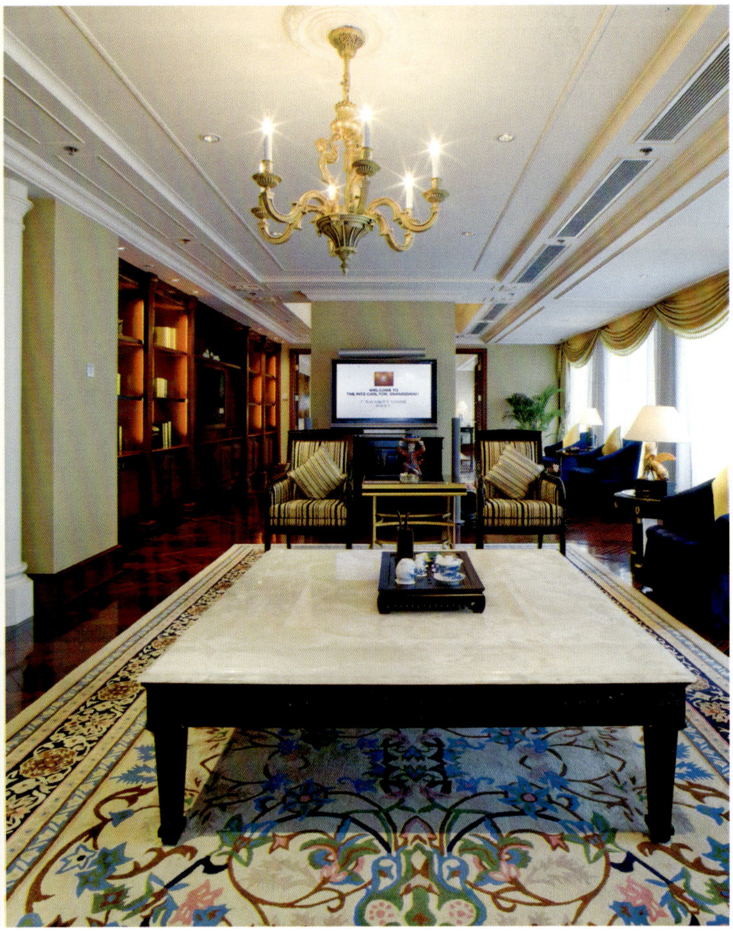

GRAND HYATT GUANGZHOU

广州富力君悦酒店

广州富力君悦酒店设计采用大圆弧围合空间，给人以亲切感及欢迎宾客之意，空间布置简洁明了，大厅巧妙地利用室内外的灯光设置与自然光相互搭配，使空间具有层次感立体感，改变了空间整体氛围。酒店运用大量玻璃窗的设计，配以大厅内幽幽的灯光，加以少量树木、树叶做装饰，给人以自然、淳朴的感受。大厅里有纹理的地砖与墙砖的搭配，给人以行云流水般灵动感的空间效果。大厅设计造型讲究线条的趣味性，运用线条的勾化做装饰，搭配外玻璃窗的设计，力求一个精致、独特的环境。大厅功能区分明确，充分利用材质的不同来划分空间，墙面以简单的艺术处理把上下联系成一个整体，在空间的划分和材质的搭配上既统一又协调，打造出现代简约又彰显自然、高雅的品质生活。

SHANGHAI The LANGHAM YANGTZE

上海朗廷扬子精品酒店

上海朗廷扬子酒店隶属朗廷酒店集团，是豪华酒店的代表，首家朗廷酒店曾接待过不少欧洲皇室贵族、达官显贵和文艺才俊，他们无不为酒店触动他们感官的巧妙设计而赞叹。独特的瑰丽显赫的设计、创新的待客之道和体贴挚诚的服务，成为该酒店一贯遵循的原则。

酒店大堂空间的设计以装饰主义的设计手法为立足点，突出空间的豪华及尊贵感。大量的维多利亚式的装饰设计语言被应用于空间设计中，优美的线条和装饰华丽的灯光使得大堂看上去华丽而晶莹剔透。

具有装饰感的户型楼梯成为大堂空间中的装饰重点，优美的楼梯曲线结合装饰华丽的天花烘托出空间的主题。天花上的彩色玻璃及发光的天顶使人如同进入欧洲豪华宫殿，室内绚丽的豪华感被运用得淋漓尽致。与之相对应的室内空间的其他部位采用简化的装饰设计手法，突出了中间的楼梯及相对应的彩色玻璃天花的主题。

OTIQUE
AQUA HOTEL SHENZHEN
深圳茵特拉根瀑布酒店

深圳茵特拉根瀑布酒店是一家准五星级酒店，坐落于深圳市盐田区大梅沙东部华侨城大峡谷。作为茵特拉根主题酒店群最后一个，也是最令人期待的项目，茵特拉根瀑布酒店藏身于宽300米高70米的巨岩之中，国内最高落差的人造瀑布由酒店楼体倾泻而下。酒店邀请世界知名设计师团队以“水”为元素进行艺术创作，最后集合成以“水”为主题的建筑艺术、影像艺术、室内装置艺术作品。在设计师的大胆创想下，客人要通过空中走廊，穿越瀑布，走入仿若水晶宫般的酒店大堂，而室外宏伟壮丽的瀑布美景在大堂任何区域都可尽收眼底。

深圳茵特拉根瀑布酒店大堂给人无限灵感的水主题、大胆的设计创想和无处不在的艺术渗透，让茵特拉根瀑布酒店本身就成为一件艺术精品。作为华侨城酒店旗下，也是深圳第一家设计概念酒店，茵特拉根瀑布酒店将为华侨城酒店管理开创一个全新的品牌。而茵特拉根主题酒店群的全面落成，不仅是华侨城酒店发展道路上新的里程碑，也引领国内主题酒店发展探索走向了新的高度。

FUTIAN
SHANGRI-LA SHENZHEN
深圳福田香格里拉酒店

深圳福田香格里拉大酒店坐落于福田中央商务区，毗邻深圳市会展中心和市民中心，繁华的购物中心和写字楼近在咫尺，深圳市民中心公园及莲花山公园美景尽收眼底。酒店的设计中将传统与现代完美融合，大堂在建筑顶部加建了圆形造型，中空的水晶吊灯豪华精致，就像一串流动的珍珠，突显了酒店的大气与灵动。大堂全部落地窗，可欣赏窗外城市风景，布置高雅。酒店将以其一流的设施及享有盛誉的香格里拉服务，为深圳带来新的好客准则。

THE FITZWILLIAM HOTEL

菲茨威廉酒店

菲茨威廉酒店的大堂设计独具特色。造型别致的吊灯为大堂提供照明的同时又极具观赏性，吊灯自身的色彩与橙黄色的沙发遥相呼应，在深色基调的背景中起到了点缀的功能。在高挑的大堂里，营造了一个温情、华贵、灵动的魅力空间，感受到了酒店的超现实主义设计基调。菲茨威廉酒店为客人提供体贴入微的入住享受，温暖舒适的设计风格，为旅途劳顿的您，提供一个身心放松、舒缓疲累的最佳休息环境，使人在繁忙的日程中，随时保有一份舒缓身心的空间。

GRAN MELIá HOTEL SHANGHAI

上海新天哈瓦那酒店

大堂的设计风格融合了现代简约的设计手法，但不缺乏民族特色的东方元素。高大的落地玻璃虽然阻隔了人与自然的沟通，但却以另一种方式让我们更加关注自然的变化过程。舒展的弧线与暖色调的地毯将休息区与大堂划分出来，吊顶的流线与之交相呼应，将休息区无形地包裹起来。一份简单、安逸的气氛停留在空间之中，坐在简约舒适的沙发上凝视着窗外的风景，别有一番情趣。墙面处理的简洁而有变化，吊顶、灯具也运用了与地面相同的设计语言，家具、饰品精炼利落地置于空间中。色调、图样、饰品均给人清新、干净的视觉感受。葱郁高大的树木，结合自然的光线，让人仿佛有回到了自然之中，恍然在室外回廊中漫步的感觉。

THE
WESTIN SHENZHEN NANSHAN

深圳益田威斯汀酒店

深圳益田威斯汀酒店设计时尚而不失传统精髓。进入大厅，首先被文化品位及清新明快的氛围所吸引：天花流线型的吊顶充分融合东西方文化特征，它和艺术感极强的地毯完美结合，相得益彰，带给人多元化的震撼；局部点缀灯光又为大厅营造出高档、豪华、富丽堂皇的感觉。酒店设计在材质上注重自然环保，布局上更人性化、注重细节。大厅设计运用了轻快活泼的装饰造型、新型的装饰材料、奢华的家私配饰、别具一格的灯具装饰，既现代、温馨，又让客人有宾至如归的感觉。大厅设计遵循现有的空间结构因势利导，合理地塑造有机的室内空间形象，以求达到实用与美观的目的。同时吸纳现代空间设计理念，并融入传统的精髓，突出简约大气风格。在酒店设计的每个细节中，都可见设计师的匠心独具，打造一个通透而丰富的空间，同时又体现了酒店的秩序感和自然与生活动感的空间氛围。

PARKYARD HOTEL SHANGHAI

上海博雅酒店

为了突出室内室外景观渗透的感觉，大堂内的空间设计强调通透感和空间的流通性，运用重色与室外环境形成鲜明的亮度对比。在空间装饰语言上采用与造型相协调的弧线为主要元素，通过不同空间的界面装饰及肌理设计加以运用，这种设计手法大大加强了大堂空间的统一感，并形成层次上的丰富变化。

酒店位于上海张江高科技园区碧波路，被优美的室外景观环绕。酒店是一个具有现代设计风格的建筑。酒店的室内设计强调室内外空间的贯穿和内外设计风格的统一。酒店的大堂空间中有一个圆形的建筑特色空间，为了突出大堂的特色，并很好地结合室外空间，将大堂吧安置在圆形空间中，通过自然光线和景观元素营造温馨、休闲的空间氛围。

INTER
CONTINENTAL SHANGHAI PUXI
上海浦西洲际酒店

酒店位于上海闸北区的中心商业区，是世界知名酒店管理公司旗下的五星级酒店。酒店的设计强调地域文化与时尚结合的设计理念，运用现代的设计手法营造温馨浪漫的空间环境，使得住店的客人有宾至如归的感受。为了突出这种酒店的文化理念，在大堂的室内设计中运用简单的色彩对比来强调空间的艺术感，在空间中放置艺术感极强的艺术装饰品成为大堂的设计亮点。类似空间装置的装饰灯具成为大堂空间中的主题元素，运用大尺度的装饰物给人以震撼感。

EXPO
2010

PARK HYATT SHANGHAI

上海柏悦酒店

上海柏悦酒店位于上海环球金融中心内，是一座精致、具有现代中国特色的私人住宅式酒店，酒店室内设计由知名华裔设计师完成。

在酒店的室内设计中强调中国人传统的生活理念，运用现代的设计语言将这些文化元素应用于空间之中，个人以中式家的宁静与儒雅感受室内。运用木质的色彩与白色在空间中形成的对比使大堂拥有温和的视觉冲击感。

RENAISSANCE
BEIJING CAPITAL HOTEL
北京富力万丽酒店

北京富力万丽酒店位于北京商务区，酒店的室内设计采用现代时尚的设计元素，营造出一个特色鲜明的空间环境。大堂空间的设计采用解构式的设计语言将装饰元素有机分解，并形成空间的亮点。运用灯光设计形成强烈的色彩反差，地面采用大面积的雪花白形成丰富装饰纹理，大堂休息区大面积红色的地毯和深色的木质装饰构件形成强烈的色彩反差，空间中的装饰题材采用中国传统装饰元素作为主题突出中国文化，精心设计的构成元素与现代设计元素的混搭充满时尚感。

大堂空间的室内设计造型元素采用线作为主题，通过不同大小的尺度变化形成空间的韵律，电梯厅墙面采用的反射镜面不锈钢装饰线条与大堂休息区的装饰灯带相呼应，空间整体感强烈，运用红色地毯在空间中形成装饰的亮点，并在空间的气氛上形成节奏的变化。

JIA SHANGHAI

JIA上海

摆放在大堂中的装饰品是著名的设计师设计的，突出了酒店的文化定位是和当代艺术同步的。配合的家具也以装饰性为主，醒目的红色带有明显的隐喻含义，强调了酒店的地方文脉特征。大堂另一端设有别致的酒廊，深咖啡色的墙壁经过刻意雕琢，文雅而富有装饰性。

精品酒店JIA上海位于上海南京路和泰兴路路口，由一幢别致的20世纪20年代建筑改建而成。室内设计强调低调的瑰丽、温馨氛围，以切合现代高品味客户的审美观。大堂空间中装点有精心设计的图案，红色的铺地与深色的装饰物烘托出浓郁的地域文化特征。

酒店大堂空间采用精致的艺术品装点空间，突出了空间的品味和酒店的文化定位。带有巴洛克式的装饰图案及艺术灯具在黑色现代的背景映衬下晶莹剔透，空间氛围呈现稳重而富于内涵的华丽感。

URBN
HOTEL SHANGHAI
上海雅悦酒店

上海雅悦酒店坐落于胶州路上，酒店的设计由SCOTT BARRACK和JULES KWAN构思，强调带给游客独特都市体验的文化理念，设计风格强调中国文化的融入。此外，设计突出碳中性的可持续发展设计观，突出雅悦酒店致力开发和经营绿色酒店的理念。因此在酒店设计中大量运用本地回收的材料，并引进对生态友好的解决方案，如无源太阳能天窗，雨水贮留池，基于水的空调系统等。运用这种设计理念使该酒店成为在中国低碳建筑实验的一个样板。

作为一个酒店的大堂，空间的大小并不是决定其品质的唯一条件，这里强调更多的是低碳的设计理念和与之相匹配的设计手法，运用回收的材料的材质特征营造特别的装饰风格同样可以创造出风格特异的设计作品，在该酒店的大堂设计中通过不同装饰品及空间界面的装饰，营造的空间氛围突出了休闲和异域体验的酒店文化。

HOTEL
G BEIJING
北京极栈酒店

酒店空间以知名艺术家的雕塑作品作为装饰的主要元素，突出设计灵感对整个酒店设计的影响和酒店对当代艺术和文化的关注。运用舞台设计的语言突出艺术设计在空间中的重要位置是这个酒店大堂突出的特色。

大堂空间采用原始的建筑材料和铁锈的颜色为主色调，通过有节奏的灯光设计突出雕塑和红色的服务台背景。通过这种设计手法将艺术品的环境空间表现得淋漓尽致。

THE PULI HOTEL AND SPA SHANGHAI

上海璞丽酒店

上海璞丽酒店大堂演绎着传统与现代相和谐的完美设计，造就出一个强烈对比，然而又低调雅致的感观世界。空间的功能区层层递进，层次丰富，却没有明显的分界线。长达32米的非洲柚木长吧贯穿视线始末，囊括了前台、礼宾与大堂酒吧的操作区。酒店设计借由材料的运用，巧妙地将中国文化融合其中，使新、旧感受并列且同时呈现出东、西方文化交融的独特风格。狭长通道的左侧，一墙之隔的地方，别出心裁地设置了对称的一个书廊和一个酒廊。书廊四面都是书，书架从挑高两米处一直往上延伸到顶，创新的理念蕴含对古典的全新诠释。

NOVOTEL
LONDON TOWER BRIDGE

酒店设计时尚而富有当代感，拥有所有现代化的设施和优闲的环境，处处彰显浪漫情调。空间的墙面以白色作为基调，能让墙面空间显得整洁大气；在功能方面，使当前的空间得以最大释放，变得更为通透宽敞。亮丽的彩色与白色的背景形成了一幅美丽的图画，让心灵在面对洁白无瑕的世界的时候，也会感到静心与恬静。在形式方面，它像一首人人喜欢的乐曲，充满了节奏感、韵律感和现代感，简约而有品位。

SMAR-T-OLO-GIC
CORIAN® LIVING

酒店的室内空间有机形状营造出一个浪漫的生活环境，在这个有机世界里，各种元素以更自由的形式和更灵活的构造组合在一起，你能体验到非同一般的感受，整个空间有生机、趣味，充满艺术性、流动性和人文性，形成了一种有机的、柔和的、舒适的氛围。

淡粉色的基调与蓝紫色的空间形成优雅的对比，独特长凳在曲面上种植一些绿色植物，这里的一切元素都让空间中充满温馨而浪漫的情愫。把简单的几何造型与打破空间限制的组合应用于设计之中，直线和曲线的巧妙运用，通过刚柔之间的对比和微差，使整个空间构图富于变化。

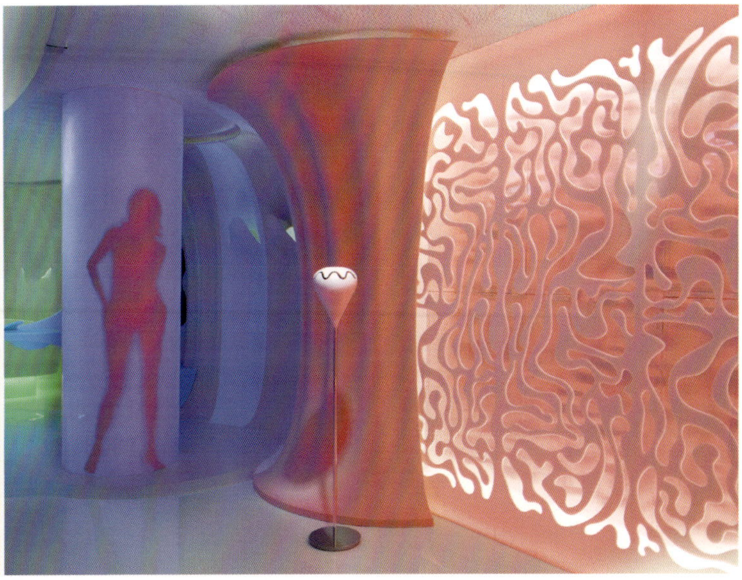

整个空间充满了流动的线条美，以自然流动的几何线条，建构成流畅而充满动感的空间。流畅展现的曲线形成一个优雅而凝聚的整体，由空间造型所产生空间韵律，使得整个设计具有强烈的透视观感。通过对空间对象的设计，重构和综合处理的手法，使人们平时观察世界的方法和思维方式有了另一种体验。

YI
HOUSE BEIJING

北京一驿艺术酒店

酒店大堂环境以黑、白、灰及嫩绿色为主，设计师以深褐色漆木打造的拱形窗户搭配黑色钢结构窗框，在白色地面上以民族风地毯进行点缀，再加上周围深浅不一的灰色，使得大堂充满了很强的层次感，唯独那一座嫩绿色沙发将整个欧洲式风格打破，凸显出现代艺术设计的随心所欲。墙壁上大部分面积被当代艺术家迟鹏的作品所占据，作品所表现的“迷离感”在烛光的衬托下，让人恍若进入了一个神秘的未知空间，此时你完全可以当自己是身处一间画廊，而非一座酒店。

GENWAY INTERNATIONAL HOTEL SUZHOU

苏州建屋国际酒店

酒店大堂与中庭细部设计有机结合了本身的空间尺度，运用当地传统的建筑语言适当细分，起到了很好的装饰效果，并使得酒店空间的室内设计语言与当地的城市文化环境融为一体。

酒店位于苏州工业园区行政和中央商贸的中心，室内设计秉承了传统文化和现代的设计手法，并有机地融和了当地的建筑文化特征。大堂空间的室内设计运用苏州当地的传统建筑语言形式，并结合建筑的色彩语言塑造了个性强烈的酒店文化。

FUCH-UN RESORT HOTEL

富春山居度假酒店

酒店大堂的室内空间以突出建筑构件为主要装饰元素，以中国传统名画为名字的牌匾突出了酒店的文化主题。黑色的石材地面上泛着的光点呈现出南方园林的意境和韵味，给人室外隐居的舒适感。精心的灯光设计强调了空间的温暖感和禅意的境界，空间的氛围被材质与灯光的有机结合塑造得恰到好处。

富春山居度假村位于杭州山水秀丽的富阳市富春江，酒店的室内设计以中国历史文化为设计主题元素，运用西方现代设计手法呈现出中国建筑艺术的精美。

酒店大堂突出建筑空间的室内装饰效果，运用建筑构架形成的空间序列感和韵律感凸显了中国传统建筑的精美，同时营造了风格独特的室内空间环境。

BANYAN TREE HANGZHOU

杭州西溪悦榕庄

大堂吧的设计通过红色的吊灯装点空间，形成空间中的活跃因素，调节了空间的氛围。天花上反射灯带照射的暖色与红色的吊灯相呼应；吧台背景装饰造型元素与建筑的总体风格相一致。沙发的面料与地面的颜色统一，深灰色突出了红色吊灯的稳重感。

酒店置身于杭州秀美西溪国家湿地公园内，被优美的自然环境与数百年的古建筑环绕。酒店室内空间的设计充分体现了无限幽雅静谧之韵。

酒店大堂空间的室内设计流溢着传统湿地村落的精髓，处处彰显江南风韵。室内暴露的木构架与象牙色墙形成色彩的强烈对比，室内建筑装饰构件与家具的摆放浑然天成。大堂休息区与服务台同处一个完整的空间之中，轻松的摆放方式给人以悠闲放松的感觉。条状红色地毯在大堂空间中形成了强烈的装饰感，这些装饰线条与简洁的建筑造型协调而统一。

AMAN
FAYUN HOTEL HANGZHOU

杭州安缦法云酒店

安缦酒店的酒店文化重点强调寻找文化和历史强烈结合的独特自然环境，能为客人提供私密的入住体验和最高水平的服务。酒店为客人提供优美的自然环境、豪华设施、独特的服务和小规模的客房以保证隐私和不受打扰。在室内设计中利用地方特色的素材，突出酒店与周边自然环境和地方传统文化的关系。小规模、私密性和低调成为酒店的特点。运用现代生活方式：无拘无束的体验，建造环境友好和审美愉悦的度假酒店空间成为其设计特色。

在大堂空间的室内设计中为了突出这种理念，弱化服务台的位置，通过家具的布置形成交流空间的效果，为客人营造共同探讨价值观、对遥远文化（关于世界存在、形成和发展的文化）的渴望；使人们在放松的环境中得到精神上的解脱。

AMAN
AT SUMMER PALACE BEIJING

北京颐和安缦酒店

这家全球仅有19家的顶级城市度假村型酒店于2008年9月27日落户北京，是以其私家园林的布局，体现明式家具的住家风格的酒店设计。北京颐和安缦酒店地处颐和园东门，犹如一座世外桃源毗邻着这座北京标志性的皇家园林。酒店设计由一系列院舍结集而成，当中有些更是逾过百年历史的建筑。颐和安缦的酒店设计吸取了中国传统建筑的美学特征，以及颐和园一脉相承的庭院风格，为酒店带来经典高贵的气氛。

北京颐和安缦度假酒店原汁原味地延用了颐和园的中式皇家园林风骨：粉墙黛瓦、青砖红门、亭台楼阁、套房环抱，形成的一个个自然院落当中石径逶迤，竹影婆娑。酒店设计以中式风格及趣味贯穿于整个度假村内，中式符号及元素设计搭配中式家具的选用，质朴的材质使场景充满自然的气息。酒店的环境宁静而舒适，主张纯朴，粗犷，让人感受远离烦嚣闹市，同时坐在窗边也可以欣赏传统中式园林及水池的优美景色，体现庭园酒店的设计风格。

AMA-NUSA

巴厘岛阿曼努沙杜瓦度假村大堂具有印度尼西亚建筑特色，尖顶型的圆实木相互垂直、相互叠加、分层固定，干净整齐。每一个三角支架都由两根石质方柱架起，端部由实木柱支撑。设计师将地方特色与现代材料进行合理组装，形成一个全新的空间建筑。方形木质花架每隔一个廊柱之间都有一个，一盆盆茂盛的花簇散发出空间的灵气，绽放出空间的色彩。大堂中心挂起的华丽水晶吊灯，点缀着酒店高贵典雅的气氛，令整体环境宽敞透亮。作为辅助照明的灯饰完全隐于建筑当中。大堂尽头矩形的雕刻展示出巴厘岛的风土人情，宾客可以坐在长廊旁俯瞰整个度假村及岛屿的风光，愉悦身心的同时感受自然带来的无限生命力与魅力。

COLLECTION
OF THE DETAILS
IN HOTEL
SPACE Ⅰ

GUEST ROOM

GUEST ROOM

客房

COLLECTION OF THE DETAILS IN HOTEL SPACE Ⅰ

酒店空间细部集成 Ⅰ

NISAN-TASI HOTEL

这个酒店的客房是优雅的象征，干净简练的设计比比皆是，每样东西都是带有一定特色，温暖的感觉充斥室内。设计采用褐色为主色调，黑色用于家具，白色作为辅助色调。手工制造的桌子和茶几非同寻常。空间被一个单独的玻璃隔断分为不同的部分，形成了两个开阔的、经过修饰的空间，融入了淡雅的美感。

BURJ
AL ARAB

迪拜的Burj AlArab酒店(burj音译伯瓷，又称阿拉伯塔)是世界上最豪华的酒店。由英国设计师W.S. Atkins设计，外观如同一张鼓满了风的帆。伯瓷糅合了最新的建筑及工程科技，迷人的景致及造型，使它看上去仿佛和天空融为一体。最大的“文化”震撼不在于中东风情与西方品位的结合，而是酒店的豪华精美的程度。最为奢华的伯瓷酒店更是让人感到超出自己以往关于奢侈的全部想象。浓烈的伊斯兰风格和极尽奢华的装饰在伯瓷发挥到了极致。而金碧辉煌的酒店套房，则让你感受到国王般的奢华。

所有的202间房皆为两层楼的套房，最小面积的房间都有170平方米；而最大面积的皇家套房，更有780平方米之大。而且全部是落地玻璃窗，随时可以面对着一望无际的阿拉伯海。最令人吃惊的是一进房间，居然有一个管家等着跟你解释房内各项高科技设施如何使用，因为酒店豪华尊贵的服务宗旨就是务必让房客有国王的感觉，在让人感到吃惊之余，也让人感叹金钱的力量。以最普通的豪华套房为例，还包括窗帘和电灯的开关，办公桌上有东芝笔记型计算机，随时可以上网，墙上挂的画则全是真迹。

给大家感受最强烈的，应当是雄霸25楼及以上楼层的皇家套房，装饰典雅辉煌，顶级装修和搜罗自世界各地的摆设，如同皇宫一样气派，家具是镀金的，有私家电梯、私家电影院、旋转睡床、阿拉伯式会客室，甚至衣帽间的面积都比一般酒店的房间大，已故顶级时装设计师范思哲曾对此赞不绝口。最特别的是睡房的天花板上有一面与床齐大的镜子，和自己面对面睡觉的感觉会不会很奇怪？

浴室里的所有卫浴用具都是爱马仕的产品，包括肥皂、古龙香水等，当然淋浴设备也不同凡响，除上头的莲蓬头之外，还可选择上中下三段喷水，旁边则是马赛克壁画陪衬下的按摩浴池，浴室门口还有皮质躺椅，让旅客休息。

PANGU
7 STAR HOTEL
BEIJING

北京盘古七星酒店

盘古七星酒店以234间格调豪华的客房与套房为傲，面积从45平方米到488平方米不等。设计师为凸显酒店的恢弘气势，采用了3.5米高的天花板令房间更显宽敞，地上是厚实的米色地毯及抛光的淡黄色木板，暖色的营造衬托出盘古七星的富贵与豪华。卧室上方的采光灯带的古典符号以及绘龙灯罩等散发出中式典雅魅力。火光闪烁的仿真壁炉，连同落落大方的大理石炉架，都是由Bello Dias专门为盘古七星酒店定制，让富丽堂皇的客房增添家的温馨。

欧式家具的加入，让原本华丽的室内更增添一抹高雅的气质，设计师在古典与现代，传统与国际之间掌握着一种平衡，最终诠释出富于社会潮流的时尚入住环境。

BANY-ANTR-EE
AL WADI

艾瓦迪悦榕庄是第一个沙漠度假村，阿拉伯联合大公国提供一个全泳池别墅的概念。艾瓦迪悦榕庄拥有70幢48坪的Al Rimal豪华泳池别墅，以及16幢Al Khaimah与15幢Al Sahari帐篷泳池别墅。完美的场所，沉溺在宁静的沙漠环境中，设有一个风景如画的花园别墅。

度假村别墅将传统阿拉伯式建筑特色融入现代设计中，在连绵起伏的沙丘上创造出天衣无缝的沙漠度假享受。从当地贝都因部落及游牧生活所启发的帐篷设计，到传统泥砖建筑，度假村别墅均充分展现当地传统特色。这其中还包含了别墅内富阿拉伯风味的花格木、特殊图形、精细的阿拉伯雕刻图案以及较高的天花板。在整个内部空间宽敞舒适的环境氛围点缀独有的民族特色灯饰与造型，颜色以及材质的选择使人在这样一个休憩的空间中尊享高贵与优雅。

THE
WESTIN
SHENZHEN
NANSHAN
深圳益田威斯汀酒店

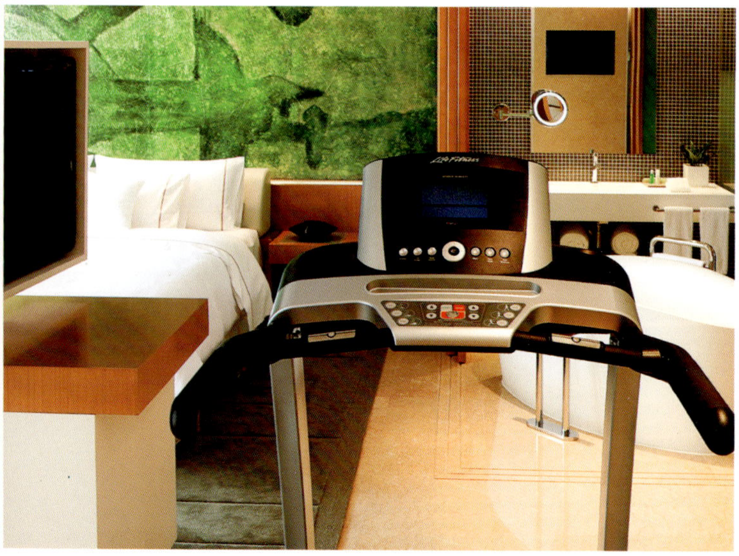

深圳益田威斯汀客房设计以清新淡雅的绿色为主调，设计风格极具现代韵味，并配有奢华的威斯汀标志性天梦之床，为旅客营造最佳睡眠环境。精心的客房设计和绝佳的室外风景散发出奢侈华丽的气息。华丽的大理石与简朴的石材相结合，丰富了空间的层次，材质强烈的对比与谐调，尽显客房设计简洁又不失古风雅韵。简洁大方的家具与整个墙面有机结合，天花造型与台灯相趣成章，给人以庄重豪气之感，洁净的灯光在夜幕下伴着墙上的“壁画”而有了浪漫情调。卫生间设计采用马赛克、大理石、玻璃镜面相搭配，营造出时尚趣味空间。

RAFF-LES HOTEL TIANJIN

天津莱佛士酒店

天津莱佛士酒店作为天津首家最高的阁楼酒店，位处天津中心大厦顶端36~50楼。酒店地处滨江道繁华购物区，楼下即是精品购物中心，拥有百余家世界知名品牌店铺，是市内最主要的商业商务核心区。酒店的设计散发着建筑艺术特有的吸引力和既奢华又使人倍感亲切的感染力，这些都是莱佛士酒店享誉全球的独特品质。

莱佛士酒店拥有116间宽敞、精美、奢华又能欣赏城市美景的高档客房和套间。每间客房床前的桌子上，都配有高级的音响系统，效果非凡。标准客房面积是60平方米起，相当于一般酒店客房面积的两倍。每间客房都配有超宽的景观落地玻璃窗，一览无余地欣赏到整个城市的美景。整个房间设计得大气而又精致，具有十足的现代感。

为了能让入住客人在房间里就享受到日光浴，莱佛士所有浴室都拥有落地窗，浴盆与淋浴间各自独立。在浴盆里，就可以眺望窗外的美丽景致。而且，在浴盆的正前方，都有一个液晶电视。客人既可以享受日光浴、也可以边看电视边做泡泡浴。

BANY-ANTR-EE MAYAKOBA

玛雅哥巴悦榕庄是自然与奢华的和谐统一，将加勒比海的生活方式在墨西哥著名的里维埃拉玛雅海滨提升到一个全新高度。坐落于玛雅哥巴一个封闭式一体化开发区内，富有魅力的浪漫行程与独特的静谧私人空间相融合，同时您还将感受到以好客及热情著称的亚洲风情。该区域仅对玛雅哥巴开发区的客人开放，这让您在里维埃拉玛雅海滨的旅行更加宁静。具有独特品位的泳池别墅既有玛雅风格的手工艺品装饰，又不失其现代化的舒适享受。

卓美亚 Emirates Towers，一座钢铁与玻璃铸就的时尚建筑杰作，灵活功能、高新科技、极致奢华、优雅精致与舒适高效完美集于一身，开创了商务酒店的全新类别。豪华客房时尚雅致，风格优雅而简约。豪华客房装饰和家具时尚典雅，可欣赏城市美景、宫廷马厩或沙漠景观。总统套房是双卧套房，共有三种奢华装饰风格可供选择，提供独立的待客区和用餐区、书房、设施齐全的厨房、客用洗手间和两间卧室，每间均配有豪华浴室和按摩浴缸。

皇家套房以卓越的风格欢迎您到来，Phillipe Starck设计的浴室、双层观景窗和体贴的设施等待您体验。华美优雅的复式套房可观赏迪拜城市天际线、周边的宫廷马厩和沙漠的迷人景致。

JUMEI-RAH
ZABEEL SARAY

这个度假村位于著名的Palm Jumeirah人工岛上，俯瞰着波斯湾，提供设有私人阳台的大型豪华客房。这家美轮美奂的海滩度假酒店位于迪拜卓美亚棕榈岛新月形区域西部，可饱览阿拉伯湾和迪拜天际线的绚丽景观。酒店风格优雅考究，装潢奢华富丽，令人仿若身处奥斯曼帝国的辉煌时代。巧夺天宫的手绘天花板和壁画、精心打磨的大理石、雅致的水晶枝形吊灯，以及备受顶级美术馆追捧的东方艺术品，于奢华之中彰显卓越品位。整体环境烘托土耳其主题客房，均以镶木地板装饰，并有高高的天花板。

HOTEL
INDIGO
SHANGHAI ON
THE BUND

上海外滩英迪格酒店

上海外滩英迪格酒店兼收并蓄，在设计中完美融合了黄浦江、十六铺码头、外滩、浦东建筑群这四大现代与传统共存的本地元素。

酒店客房中写满了外滩的历史：每个房间中摆放着形态各异的装饰品与本土制造的家具；宽敞的门板出自上海特色木工手艺；精心修琢的灰泥墙上镶嵌着标志性的石库门灰砖，与鲜艳生动的地毯相映成趣；客房壁纸真实写照着豫园的景致，邻里风情尽展眼前。此外客房中还陈列了一系列中式灯具、陶瓷器皿与古董饰品；睡床以传统中式婚床为设计灵感，融入现代的演绎方式，在床头加入的帐篷元素，成为客房的点睛之笔。客房的浴室简洁现代，将黄浦江两岸美景一览无余。抛光钢的窗框中镶嵌上大片落地玻璃，在淋浴时也能俯瞰黄浦江景色。

PARK
HYATT SHANGHAI

上海柏悦酒店

上海柏悦酒店拥有174间客房（包括34间套房）。其中80间客房面积在55m²~60m²之间，32间套房面积有75m²~180m²不等，8间带有私人宴会厅的特别套房，2个主席套房，每个套房在194m²左右，里面设置有专门厨房以及相关的进口厨具。酒店客房整体氛围少的是浮华凌厉，多的是淡定从容。设计师格外注重细节的设计。点、线、面进行了严谨的对比呼应，疏密关系，黄金划分，尤其是材料的分割，门扇门套的长宽比例始终维持着一种高瘦的关系，非常具有震撼力，达到最佳的视觉效果。室内的设计不是单纯的简单，而是通过材质的处理，家具的选择，细节的深入刻画，特别是艺术品的选择，传达酒店的精髓与灵魂。

套房设有时尚简约的欧式厨房，两种色调混合成各种柜体与实用家电，空间简单的一如欧式早餐，但营养丰富。卫生间和卧室的搭配一致，具有各种高级设备及用品，除了满足客人使用的需求外，还温馨地提供了各项周到的服务。自动感应式的马桶；提供超大热带雨林式花洒等4种不同沐浴方式的宽敞浴室；当然还有宽大的浴缸；镶嵌于化妆镜中的等离子电视及双层电动窗帘，提供给宾客最高级待遇，享受不仅仅只限于卧室及客厅。

上海柏悦酒店一改以往酒店金色、米黄色系的传统手法，而以灰色、白色、咖啡色为基调，整体色系效果素雅和谐，并将富有创造力的艺术饰品贯穿其中，营造出一种中国水墨画的写意，酒店在低调中透着奢华之美。

著名纽约华裔建筑设计师季裕棠对于每一间客房的设计不重复，每处空间要有鲜明独到的主题。超过3米的挑高，以及大幅的开窗，整体予人空寂塌实的气氛。米色的墙、白色的床单、棕色的地毯和凳子、象牙色的书桌，一切显得干干净净，让人内心平静。

THE PULI HOTEL AND SPA SHANGHAI

上海璞丽酒店

上海璞丽酒店包括209间豪华客房和20间顶级套房，每间平均面积在50m²左右。酒店秉承让客人独享“雕琢奢华”的理念，将度假胜地的感觉巧妙地融入于当代都会空间中，形成低调奢华和内敛雅致的现代触感，现代风格与复古主义相互交融，通过丰富的感官体验，让宾客沉浸在个人专属奢华所带来的全新感受中。

设计师采用深重宁静的桃木色与暖黄色，制造出悠远清静的桃源之境，每一项家具、灯饰及装饰品都化零为整地重新组合，色调统一于黑色与白色的展示，简练的不需要多余的点缀，即能深入人心，亦能潜入灵魂。在每间客房内部随处可见的龙麟纹木雕屏风与铸铜洗脸台再度验证了设计师刻意交织古今与中西于一体的设计巧思。

BANY-ANTR-EE SAMUI

苏梅岛悦榕庄

苏梅岛悦榕庄集所有热带度假酒店的顶级元素于一身，依拉迈海滩边的私人山凹，俯瞰深蓝海域的潮来汐往，每栋别墅均拥有超大无边泳池，以及屡获殊荣的悦榕Spa，度假村为这座热带岛屿带来了唯一的“热带雨露”水疗体验。度假村地理位置优越，距离苏梅岛国际机场仅30分钟车程。

悦榕集团设计团队为苏梅岛悦榕庄的78栋宽敞的泳池别墅提供专门设计，为独具慧眼的宾客提供绝对隐私的度假体验。别墅区的私人泳池面积之大在苏梅岛的酒店中也屈指可数，规格为35平方米，无论从起居室还是卧室都能到达。别具风格的建筑设计包括取自于当地古老庙宇的旋转形方柱。度假村以椰子树和椰子壳作为原料进行了建筑方面的创作，使宾客仿佛置身于苏梅岛过往的岁月中。此外，苏梅岛悦榕庄沿袭了当地传统建筑艺术风格，宽大的茶色树荫及当地手工艺品营造出属于自己的热带天堂。

INTER
CONTINENTAL SHANGHAI PUXI

上海浦西洲际酒店

上海浦西洲际酒店拥有533间豪华客房和套房，其中包括25间行政套房、3间复式套房、1间洲际套房及2间总统套房，最小的房间面积为45m²，远超5星级酒店30m²以上的配置标准，无一不呈现出宽敞典雅的入住空间。整体设计始终秉承颠覆传统的品牌精神，经典隽永的设计理念以及卓尔不凡的产品体验，将高雅艺术与生活品质完美融合，打造简约奢华的入住空间。

客房中浅咖啡色的墙面与地面，共同衬托白色的纯洁与清幽，设计师阐述典雅之美的点睛之笔在于床头墙面挂饰的白色石膏莲花，同时，它与入门处的花瓶形成室内精美的艺术装饰品。卫浴间透过百叶帘将户外的光谱射入室内形成独特的光影效果，简约时尚的同时又隐约透露出惊艳奢华的艺术氛围。

艺术的装饰不断地呈现在宾客的眼前，花式图案的背景墙，植物枝叶的装饰画，落地灯的金属造型支柱，以及镶嵌在横槽内长短不一的条形石料的电视背景墙和同样具有条形纹理的大理石台面，都在以自然或半自然的形态展示华丽与精美的最新定义。

THE RITZ-CARLTON SHENZHEN

深圳星河丽斯卡尔顿酒店

深圳星河丽斯卡尔顿酒店客房设计采用合理的设计和材质营造出低调而奢华整体氛围。床头背景墙的造型，金饰的台灯，现代情调的床铺用品，橘色情调的休闲沙发，连同天花的暗藏灯光一起，层层叠叠、形影相错，奢华而内敛。在温和的灯光下营造出暖融气氛又不乏时尚感触。优雅舒适环境被表达得淋漓尽致，运用华丽的光与影诉说着久远的璀璨与繁荣，各种材质于客房融洽呈现，闲散与自在中艺术与生活交织一起，低调的奢华中，营造出舒适、静谧的氛围。

RADIS-SON

HOTEL PUDONG CENTURY PARK SHANGHAI

上海证大丽笙酒店

室内空间装饰语言停留在简洁的灰白之间，装饰照明和造型间的有机结合也仅仅停留在功能的范围内。室内色彩划分成两块：地面的灰色和天花与地面为一体的白色。为了避免单调的色彩形成的冰冷感，地毯采用条形的纹理，与白色的体块形成了明快的对比。

客房设计风格充分体现简约设计手法，疏密有致的线条在大块的灯光照射下对比明显。门厅入口的镜面推拉门扩大了空间的视野，反射的室内景观更加增强了空间的对比效果。

走道空间的地毯产生的心理暗示使得客人在进入客房后有一种归属感；明亮的客房卫生间为客人营造宾至如归的感受。

作为酒店标准客房，极简风格是设计主调。这里的设计手法与酒店的整体风格相呼应，从大堂公共空间进入到客房层，走廊细部手法富于变化而又统一，单一的色调中变化的造型贯穿整个建筑空间。
客房设计风格与功能布局也突出了这种极简的设计手法。入口的门厅、睡眠区及工作区通过固定家具得以合理划分，省却了繁杂的装饰。在功能设置上采用了液晶电视等先进的电器设备，节省了室内空间；迷你吧和书写台被简洁的造型家具连接成一个整体，在白色的背景墙面上形成了雕塑般的效果，建筑感极强；卫生间采用通透的玻璃隔断，体现了目前五星级酒店的发展趋势，同样的白色调卫生间给人以整洁干净的感觉。
入口门厅的天花吊顶既解决了检修口细部收口的问题，同时在设计风格上与地毯的线条相呼应。

SOFIT-EL WANDA BEIJING

北京万达索菲特酒店

作为一家法国酒店集团旗下的五星级酒店，酒店客房自然以豪华阵容出现，迷你吧、独立的步入式更衣间、干湿分区的卫生间、壁挂电视等功能一应俱全。

客房空间豪华感强烈，这得益于成功的材质搭配和空间面积的分配。客房面积紧凑，布局规整稳重，商务气息浓郁，每个不同的功能分区都被设计得很宽敞，使用起来非常的舒适，这也比较符合商务酒店的特点。

客房的墙面与配饰的搭配相互协调，镜子的应用无形当中增添了空间的豪华感，透过反射映衬出的效果增大了空间感。亮调子的设计方式同时吸引了入住客人的眼球，带有中式语言的家具和后现代风格的欧式家具的混搭形成了强烈的酒店特色。卫生间运用镜子反射的手法与纹理特别的大理石共同营造了豪华感。

套房内的平面布局采用了传统的布局方式，卧室和会客间相互独立，空间开敞而明亮。这里呈现的豪华感是通过空间尺度和设计风格构成。套房的面积比较大，强调客人在空间中行动时的心理感受，通过大尺度的空间设计来突出豪华、稳重的商务气氛。

设计风格主要是强调白色亮调，运用混搭的设计手法将东方设计元素和西方后现代设计风格有机地结合，给人以清新明亮的氛围。这种设计手法主要是考虑东方人对色彩的大众接受度，同时综合了酒店客人的入住心理因素，毕竟在当今流行的酒店设计风格中，仍然是明亮、高调色彩占主流地位。

卫生间设计采用了红线玉大理石，与金箔材质的装饰隔断，共同构成了空间的豪华阵容；卧室及会客空间的墙面采用本色的影木作为装饰，在空间气氛上给人以温暖和清新的感受。木材本身色彩与地毯的色彩相互协调，以暖色调为主，家具采用的中性色彩既起到了平和的作用，同时增加了稳定感。

PUDO-NG SHANGRI-LA HOTEL SHANGHAI

上海浦东香格里拉酒店

香格里拉酒店是亚太地区豪华酒店的代表，它的总统套房设计同样是这类客房的典型代表；豪华的设施、家的氛围塑造成为设计风格追求的终极目标。

总统套房内的家具全部采用家庭风格的样式，温暖而柔软的布艺使客人流连忘返；室内灯光柔和而富有层次，精心选择的灯具样式简洁而细腻，饰品在灯光的照射下形成跳跃的亮点。

LE MÉRIDIEN SHIMEI BAY BEACH RESORT & SPA

海南石梅湾艾美度假酒店

石梅湾艾美度假酒店并没有因为坐享地理优势而忽略了设计，它巧妙地将自身的法式精品酒店与海南当地富有特色的黎苗风情相结合，打造了一个新式而富有特色的海南度假酒店。

客房内的设计依然忠于当地民族特色，比如竹编或藤编的壁饰，以蒲扇制成的吊扇等等。值得一说的是，每间客房的洗手间都有相当宽敞的区域，特别是精选海景房，盥洗室就在卧室大床的背后，也就是说盥洗台与睡床其实只有一窗之隔，客人在刷牙的时候也能看到房间正对着的大海，天气好的话还能望见不远处的加井岛。

HOTEL
G BEIJING
北京极栈酒店

位于北京的极栈酒店是由旧有建筑物改建而成，以20世纪60年代的荷李活剧院为题材，对酒店进行大变身式的改造。
客房仿佛为住店的客人展开了一个舞台，让客人在此尽情享受一段主题文化带来的愉悦之旅，特别订制的艺术摆设，巧妙地将中国特色融入时尚设计中。
酒店内有客房一百多间，每间客房的墙身以深紫色为主调，均挂有水晶吊灯，部分房间更有明星大型黑白海报来配合主题，空间华丽而不浮夸。酒店的室内设计语言通过水泥和铁板锈蚀等材质的肌理展开，保留原有建筑物风味，还特别在墙身印上花纹图案代替墙纸，原始与时尚相结合。
客房内装饰图案统一，通过不同材料肌理加以变化，运用古典图案和新装饰材料对空间进行装点，塑造古典情调的时尚感。睡眠空间覆盖的布艺面料充满华贵气质，别致的窗屏由装饰屏风构成，屏风的图案与其他装饰图案相互统一。
运用特殊工艺装饰图案，将其印制在墙面上，裸露的素水泥表面与装饰图案结合在一起充满时尚感。镜子是卫生间设计主要元素之一，除了满足功能要求之外，在视觉上可以产生扩大空间的效果。运用条形的镜面可以削弱实墙产生的压抑感。

部分客房的颜色运用了蓝紫色的调子，与穿插的暖色共同形成冷暖对比；软装饰为房间增添了温暖的气氛，天鹅绒做成的床屏使得睡眠空间被拥抱在松软亲切的氛围中。肌理变换丰富的卫生间墙面呼应整个空间主题。

BANY-ANTR-EE
CLUBSEOUL
KOREA

位于首尔繁华都市，俯瞰南山美景，首尔悦榕庄是第一家融合都市度假村与俱乐部会所概念的悦榕庄。酒店区域的客房设施备受期待，包含16间泳池客房和16间泳池套房，配备8平方米至22平方米嵌入式泳池。房间面积从50平方米至105平方米，内部建筑设计灵感来自东方传统的五行元素金、木、水、火、土，根据四季春、夏、秋、冬的不同风格来进行装饰。两间跃层式总统套房分别为280平方米和315平方米，拥有全景视野，可从四个不同角度俯瞰美丽静谧的南山公园以及绚丽的首尔城市风貌。每层不超过4间房间的酒店设计完全能让嘉宾虽置身于繁华都市，仍可尽享私密空间。独特的木质纹理配以简约的家具，挑高的客厅嵌入精致的窗格，让整个室内空间变得大气而不失小节，庄重而不乏淡雅.

PULL-MAN

OCEANVIEW SANYA BAY RESORT & SPA

三亚湾海居铂尔曼酒店

三亚湾海居铂尔曼度假酒店坐落于尊享葱郁的热带园林和浩瀚的无敌海景之间，整体设计将中国古典风韵与东南亚热带风情完美融合，无论您选择私人假期或是与家人好友欢聚，都将成为您独特而难忘的度假体验。酒店秉承“轻松入住，优越尽享”的全程服务理念，拥有405间精致典雅的客房和套房，室内设计高雅独特，精心选用众多华美的艺术品，造就非凡格调。无论是客房、套房还是别墅，均采用极具设计感的线条和天然纹理的质感，木制与皮质相辅相成，布艺与装饰品的色泽层次，令每个房间充满无限遐想。

88 XINTIA-NDI HOTEL SHANGHAI
上海88新天地酒店

客房是客人入住酒店后使用时间最长的空间，也是最具有私密性质的场所，所以说对城市酒店而言尤其如此。上海88新天地酒店正是抓住这个特点，酒店客房设计充分体现以人为本的设计理念，每间客房都经过设计师的精心设计，将中国传统元素和现代风格恰到好处地融合在一起，客房设计利用帷幔织物、仿古家具、装饰物等演绎出现代与传统搭配的风格，营造出现代空间中富有传统感的婉约风范。上海88新天地酒店客房的设计延续了新天地中西合璧、新旧结合的风格和理念，设计师发挥了深厚的拿捏功力，客房采用精雕细琢的实木家私，实木的细腻、质朴诠释整个酒店空间，并运用深浅色系来相互搭配，丰富了客房空间的整体氛围。另外，设计师在家具摆设、摆件的搭配方面还特别注意利用光影的变化，烘托客房整体的质感与气度。

A HOTEL BEIJING

北京A-Hotel

A-Hotel客房中采用了大胆鲜明红色为主色调布置，整体风格简约时尚，磨砂玻璃与红色相映生辉，极富时尚感，更加显出与众不同的尊贵气质。此设计充满时尚元素的设计风格，追求观赏性与实用性的完美结合。卫浴在色彩上延续客房炫酷的黑色调，大理石台面的洗手台，营造出极具现代简约的风格，打造时尚、感性的私密空间。此客房在空间手法上没有通过过多跳跃的色彩、繁杂的设计及多元化的设计风格相交融来实现设计，而是用最普通的本质材料和灵动的光源去演绎空间，创造出一种纯粹之美，更能动人心弦。

GALA-TASA-RAY HOTEL

客房采用简约的欧式风格为主调，既有欧洲的田园风格，其中又透出掩盖不住的贵族奢华气息，是欧式现代风格中的完美典范。狭长的楼梯，玄关的设计都使人有回归18世纪的感觉，仿佛置身于一个欧洲贵族的别墅。客房采用套间的形式使起居区域与卧室完美结合，又具有相对的独立性。简约的家具配合繁复的欧式花纹，将欧式现代风格发挥到了极致。客厅及卧室的天花采用两种截然不同的装饰材料，使人们在结束都市的繁华与喧嚣之后，重新找回乡间的恬静。浴室设置在卧室内，并采用透明整体卫浴，使居住者在旅途生活中不乏小小的情趣。

PARK HYATT BEIJING

北京柏悦酒店

北京柏悦酒店客房的设计富有现代感且简约实用。艺术性的自然元素一直贯穿整个客房空间设计，同时又表达出各个功能区不同的感情色彩。客房设计以实木色为主色调，墙面大面积使用实木，天花吊顶设计从简。客房在材质的运用及搭配上进行了创新，使得客房的空间在保持其原有的简约基调上亦不失奢华感。用仿花纹布料做墙面造型营造出客房温馨的氛围，具有韵律美的灯具及磨砂玻璃的运用搭配木质隔断为空间添加了现代典雅的气息，同时让空间变得通透灵动。

RENAI-SSAN-CE
BEIJING CAPITAL HOTEL
北京富力万丽酒店

北京富力万丽酒店客房设计运用简洁明快的线条，辅以中国红的色调，在设计上体现出了中外合璧的理念。客房设计运用线条垂直水平的简单变化，塑造出休闲雅致的休息空间，客房设计运用玻璃材质把客房与卫生间相贯通，营造出舒适、通透、合理的使用空间，使整个空间显得宽敞明亮。电视与电视背景墙的设计更显精致、实用。简洁的家具设计烘托出鲜明中式色彩的元素，如床头背景的图案，独显出细腻的工艺，设计上大多以现代的装饰作为主线，配以含有中式元素的家具、摆件和配饰，来营造出舒适、温馨的休息氛围，搭配中国红的色调，营造出高贵典雅而又充满宁静的气氛，舒适中凸显出独特的设计风格。

HILTON
BEIJING CAPITAL
AIRPORT HOTEL

北京首都机场希尔顿酒店

北京首都机场希尔顿酒店客房体现人文、高品位的休息空间。不是简单的追求奢侈华丽，而是讲究风格当中的内在品位。从家具选择，窗帘、布艺花纹的搭配，墙纸图案、色彩的选择，装饰画的布置，每一个细节都体现对品位生活的理解，北京首都机场希尔顿酒店客房需要的不光是绚丽的外观，更注重的是品位的生活方式，打造出一种“低调的奢华”。

北京机场希尔顿酒店客房设计融合中西方建筑特色为整体设计风格，古朴而简约。每个墙面设计与环境相贯穿，使空间具有流畅、开阔、柔美的设计意匠，主体配以中西方特色的家具体现折中、大气。高贵典雅的设计，赋予了整个酒店客房极富时代感而又高雅的文化内涵。客房各功能空间清晰、顺畅、顾盼有致。材料质感与色彩表达典雅精致，皮革材质的运用让奢华感升级；淡雅的饰品柔化了空间硬朗的线条。地面使用大面积石材与地毯，两者配合相得益彰。设计师根据不同空间的使用功能，做了相应的细节处理使每个空间既典雅又有很浓的生活气息，让人有一种回家的感觉。

THE WESTIN BEIJING CHAOYANG

北京金茂威斯汀大饭店

北京金茂威斯汀大饭店共设550间超大客房和套房，均配有高品质的现代化设施，其中包括特色天梦之床、雨林淋浴间以及无线高速上网接入，一并成为该家酒店特色。客房面积从40m^2 至320m^{2}不等，家具以温暖色调为主。位于威斯汀行政俱乐部楼层的客房及套房更将为您提供无比的舒适与便利。

透过朦胧的深蓝色玻璃印染出整个空间的简练与舒适，在设计师规划的空间里运用简约的形式语言将吊顶、地面、墙面做出色与料的分隔，并以极简的家具营造出现代简约风格的室内装饰，红色色彩的点缀激发每一位入住宾客的激情，同时也焕发出空间的活力。蓝色与黄色的光线在一个空间中碰撞混合成空间独一无二的视觉效果，充分显示设计师对周围事物特点的关注与掌握。床头灯的造型与地毯的线条相得益彰，似是从上延伸下来，也似光线的轨迹，向房间的每一个角落散去。床头背景将同一色调的画作分割成若干矩形，错落编排，使古典与现代在一个平面中完美结合。

HILYON
WANGFUJING BEIJING
北京王府井希尔顿酒店

北京王府井希尔顿酒店客房面积可称为京城之最，最小面积亦有50平方米。北京王府井希尔顿酒店客房采用落地窗，自然光线充足，可以一览北京城的美丽风景。酒店客房明亮通透，布局完美。舒适宽敞的客房采用开放式布局，运用现代风格的实木家具，搭配蜜色、象牙色及巧克力色调，营造出整体观感效果，尽显舒适自然。北京王府井希尔顿酒店客房设计经典时尚。没有太多的硬装设计语言，也没有过多软装配饰，主要是通过空间的流动性，黑白主调来营造精致时尚的氛围。

AMAN
AT SUMMER PALACE BEIJING
北京颐和安缦酒店

北京颐和安缦酒店地处颐和园东门，犹如一座世外桃源毗邻着这座北京标志性的皇家园林。客房设计运用高耸的天花展露出建筑原有的老木桁梁，窗扇、屏风以及源自明代风格设计的家具，体现出一种雍容大气、气度不凡的格调。房间设有多口门窗，空间的采光和通风都很好，从窗外望去庭院草木变得隐隐约约，如水墨画中的渲染，正是古代中国文人推崇的低调含蓄之美。古色古香的家具、隔断以及灯具，每一个角落都在悄悄散发着一种东方唯有的神韵。

北京颐和安缦酒店客房的设计用温暖的米黄色作为整体色调，整个风格为中式风格，客房采用中式的家具，加上灯光的作用，房间具有韵律美。北京颐和安缦酒店客房在设计上充分考虑了现代人士对舒适性需求的同时，保留了庭院的传统布局、材质及布料。古朴而极具内蕴的桌椅，都是在铺垫一种修身养性的生活境界。深色调材料与原木质感表现出朴实沉稳的气氛，体现出一种耐人寻味的东方气息。明亮的落地窗加上轻柔的纱幔，提升了整个空间的气质，也凸显了中式的神韵。

KINGK-EY PALACE HOTEL SHENZHEN

深圳大梅沙京基海湾酒店

大梅沙京基海湾酒店每间客房均可观赏无敌海景，为你带来轻松自然的身心感受。客房设计典雅时尚、宽敞舒适，糅合现代风格的超大可开放式卫生间给人带来耳目一新的感受。客房运用现代风格的手法进行设计，力求将经典的元素融入设计中，在造型上则以简约大方演绎舒适大度的空间，大量采用直线条，使空间具备强烈的现代感与时尚气质。客房主要采用了大理石材、木饰面，搭配黑色镜面玻璃设计为客房增添了一缕典雅而不失时尚的色彩，彰显艺术的品位与人文内涵。

SHER-ATON

DAMEISHA RESORT HOTEL SHENZHEN

深圳大梅沙喜来登度假酒店

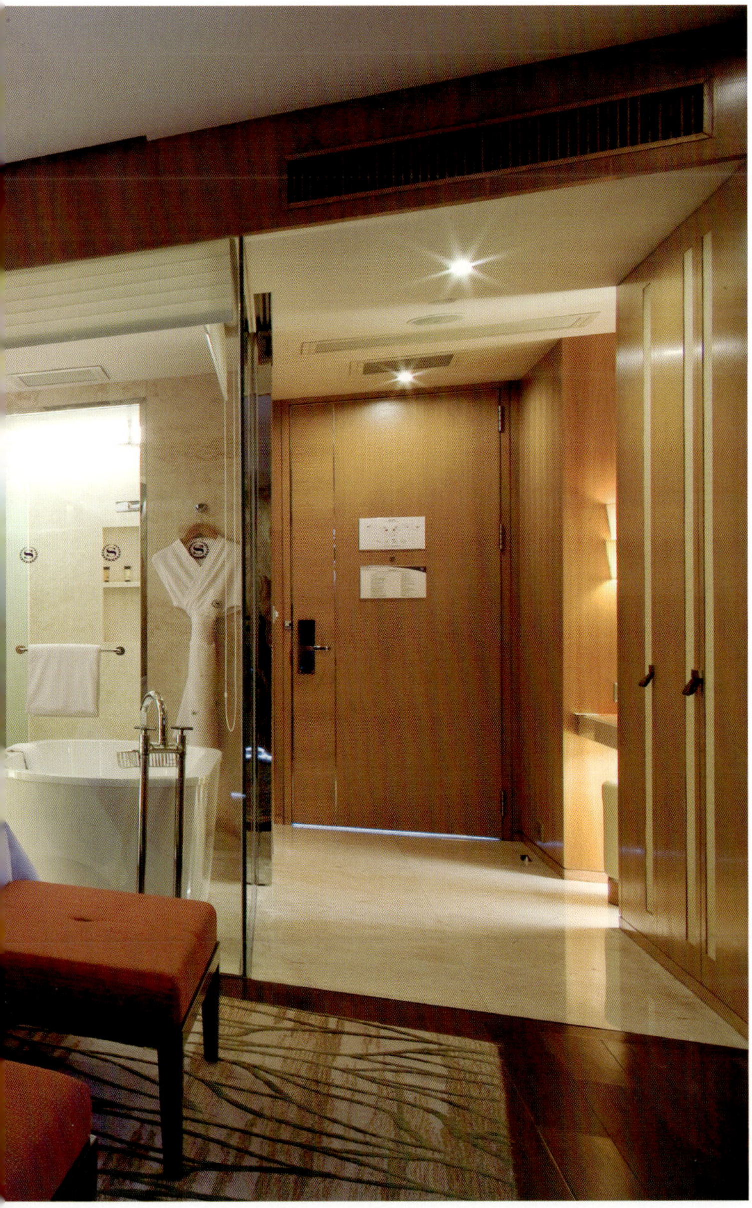

深圳大梅沙京基喜来登度假酒店楼高12层，368间各种类型全海景房间。所有客房宽敞舒适，全部面向大海，均配备喜来登甜梦之床及宽敞的浴室，设有独立浸浴、淋浴间，37寸宽屏液晶电视、行政写字台、高速无线宽带上网和语音留言服务等。

整个套房风格优雅时尚，设计师在满足休闲的同时融合多种材质，重在表现室内的温馨、明净与高雅。暖色的实木饰面在黄色灯光的映射下展现如家般温暖的感觉，同时，整个空间充斥着沙滩般浪漫的情调，形成了客房内又一道亮丽的风景线。各功能空间划分合理实用，体现出现代的简洁与明快。各种装饰依附着空间造型的营造，以独特的设计语言阐述空间理念的构成。简单时尚的灯具、造型艺术独特的家具、现代新颖的装饰画，每一件陈设都体现设计师独具匠心的精巧构思，让人置身其中倍感舒适。

CHIME-LONG
HOTEL
GUANGZHOU

广州长隆酒店

长隆酒店完全为国内外商务客人周密设想，提供旅居、度假等服务，有多种类型的房间可供客人选择。休闲型客房给人轻松感；自然型客房给人以热情。每间客房都有各自的风格，让你难以取舍，到底入住哪一间，颇费思量。部分客房还能透过落地大玻璃观赏生态酒店独一无二的动物岛景观，火烈鸟的婀娜多姿、欢歌雀跃，娴雅高贵的黑、白天鹅轻漾于美丽的绿波当中，英姿飒爽的“兽中之王”迈着从容的步伐。一切犹如置身于森林宫殿一般，尽享热带雨林的狂欢。走进客房，一种新奇感难以掩饰心中雀跃的欢呼。巧妙、玲珑的渔家风格，一种“水上人家”的清新格调。透过窗户眺望充满热带风情的室外风景，一切烦恼、疲惫尽消于脑后。

客房的设计结合了现代简约主义和原野的风格。简约、舒适的布艺大床，一排排翱翔的飞鸟，在柔和的灯光下，来自原始森林的召唤响彻耳畔，轻曳手中的干邑，享受着春光的妩媚，夏雨的芬芳，这无疑是生命中最唯美的时光。引领你走进一种独特的热带风情当中，感受原野的气息，加上酒店贴心、细致的服务，让您亲切体验，有如归家之感。

CROWNE PLAZA HOTEL GUANGZHOU

广州翡翠皇冠假日酒店

广州翡翠皇冠假日酒店拥有406间舒适优雅的客房和21套时尚公寓，面积均在45平方米以上，最大的套房面积则达到270平方米，各楼层采光充分，宽敞的空间分布设计，使宾客置身其中自然而放松，身心充分得到休息。独有的私人阳台让您可以从不同角度眺望山景，领略秀丽的园林景色。

客房内充斥着不同时期、不同造型的座椅，混合成设计师自身独有的设计魅力，传递出丰富的内涵，同时，它还担当了功能空间的分隔作用，从样式到质感，再到色彩，每一个空间都有其固定模式的座椅分配，这是设计师细心周到的观察能力和认知能力的体现。

卧室灯光的设计上采用了上下通透照明效果，在墙面上呈现出精彩的发散特效，打破了矩形原有的规则，同样也改变了床在背景中心的位置，背景中红色与黄色在同一平面上所占的比例不同，位置不等，就连装饰画的尺寸也是大小不一，去除掉对称的传统装饰手法，彰显出设计师打破常规的设计理念，意图追求创新，将不协调变为可行。设计师重在打造客房的简洁、低调与华丽。

GRAND HYATT GUANGZHOU

广州富力君悦酒店

广州富力君悦酒店客房设计通过对基本几何形体的解析与重组为主的造型元素反复出现，形成新的空间形态，简约而不简单。墙面时尚简约的造型打破了传统固有的平稳，注入了活泼的灵动之气，客房设计以镜面、玻璃为主导，辅以石材及壁纸的运用，整体线条的穿插颇具有大度的气势，创造出温馨、典雅、尊贵的空间。在色调上采用黑白强烈对比，并加以玻璃、镜面等高反射材质的铺设，整个空间的布局用灯光和玻璃进行切割，效果非常时尚、奇特。客房设计采用富现代感的开放式浴室，沐浴间的遮帘和窗帘都是电动的，电视可以90°旋转，非常方便。客房空间虽不大，但通过设计师的有效组织，使得空间非常精致而高效。

THE WESTIN GUANGZHOU

广州天誉威斯汀酒店

广州天誉威斯汀酒店拥有精心设计的448间大型的客房及套间，让您达到“最佳状态”。大约有四分之一的客房和套间面积超过69平方米，并提供额外的设施和服务，其中包括超大的行政办公桌，Herman Mille办公椅，Bose声浪音响等配套设备。

豪华的商务套房以简洁的装饰，明快的线条，打造出办公与休闲一体化的入住体验。客厅始终贯穿的直线条纹理连接着墙面与门面，将整个空间的视觉层次感拉伸出来，与地毯的曲线波纹共同营造出简单而便捷的办公环境。卧室以灰色系构成，在低明度与纯度的空间里给人平静安稳的感觉，尤其特有的“天梦之床”将使人得到全身心的放松，并带来全新的睡梦体验。

设计注重对功能空间视觉的统一与分割。设计师通过对室内的色彩、材质、纹理以及造型的考量，将吊顶、墙面以及地面都按一定的符号元素进行设计调整，以达到视觉上的统一，再以家具及电器进行空间分隔，形成半通透的视觉效果，并释放空间的约束力。客厅中整墙镜面的使用，延伸了视线，扩大了空间进深感，让墙不再成为分割空间的主要因素。卫浴间的推拉门也同样展示了视觉空间的分割。

AMAN
FAYUN HOTEL HANGZHOU

杭州安缦法云酒店

杭州安缦法云酒店客房设计以深厚的东方文化底蕴为核心，用现代手法进行融合，将东方文化最传统的要素一一提炼，导入生活的每个细节中，使原本的色彩、陈旧的饰品与现代的理念相结合。墙面浅色木纹铺装，配以白色装饰画，采用的是现代装饰手法。灯光又将空间中所有物体洒上一层金黄色调，尊贵与舒适感油然而生，营造出“家”的感觉。客房在材质上，使用大理石作为地面材料，使用实木作为木饰面色调。这些视觉感觉温和的色彩及质地较为柔和的材料，更好地阐述了空间概念中中式的主题。

杭州安缦法云酒店客房设计在每一个细节都可见设计者的匠心独具，比如象牙色墙运用、中式家具、饰品的选择，将传统的中式元素与现代装饰完美结合。灯具、家具屏风的选择，使客房充满勃勃生机。这些视觉感觉温和的色彩及质地较为柔和的材料，更好地彰显江南风韵。客房陈列质感润泽的字画和错落有致的格架寓意丰裕，步入其中犹如置身于心静轩。棚中造型气质独特，意境悠远。此设计利用色彩、灯光、造型营造出儒雅不乏时尚，高贵不失风韵，华丽又显矜持的意境。

LONG-JING RESORT HANGZHOU

杭州雷迪森龙井庄园

杭州雷迪森龙井庄园客房设计风格延续建筑主体完整的造型语言，结合现代的设计手法，采用沉稳的深色色调，使之氛围在低调中更彰显豪华。墙面利用层高打造出斜屋顶形结构。木材质配有玻璃，让人们直接感受沐浴到龙井庄园大自然的阳光。客房所有房间均有通透明亮的窗户，更显自然清新。客房设计线条简洁，墙面木饰配有暖色壁纸，风格现代富有艺术感。深色条纹地板，时尚中式样式灯具搭配现代的装饰画，效果明快、大方，巧妙的搭配营造出时尚、舒适、雅致的休息空间，起居的理想场所。客房内的沐浴用品为泰国进口纯手工制作，并加入了茶的元素。

BANY-AN
TREE HANGZHOU

杭州西溪悦榕庄

杭州西溪悦榕庄客房设计运用大量中式经典元素，融入现代风格的手法进行重新演绎，体现现代前沿设计思潮中的重要元素，将整体空间中式韵味统一的同时，又让现代风格元素在其中和谐并存，相互融合，交相辉映，力求打造出既富有中式儒雅韵味，又具有时代感的设计。杭州西溪悦榕庄客房设计流溢着传统湿地村落的精髓，处处彰显江南风韵。古典韵味纹样的吊灯、中式的家具，将空间的中式旋律调和。将中式的餐椅配以极具特色的饰品，以独特的手法在杭州西溪悦榕庄客房里传递着，更加加深了空间的艺术文化气息。地面与墙面的色彩形成互补的同时又拉开反差，使空间色调的层次感更加丰富。客房在色彩上以白色为基调，运用中式的灯具和具有中式符号的门窗烘托出杭州西溪悦榕庄客房的真实亲切的气氛。

杭州西溪悦榕庄客房糅合中式风格精华元素于其中，中国的国画及屏风的使用、地面地毯纹样的选择，是中式元素的现代化演变，既能丰富空间元素的层次感，又是对整个客房空间中式感觉的延续。客房的国画在色彩搭配中加入些许草绿色，增强空间的温馨感觉。在色彩上大胆运用适当红配绿的对比色，使用棕色作为木饰面主色调。线条复杂、镂空的精细雕刻的古典家具，配以中式纹样的沙发，韵味深远。客房重视雕工的中式古典家具与镂空精细的雕刻豪华之气。地面选择金黄色纹样的地毯，又增加了富贵之气，还显得比较大方、可人。

J&E MANSION

健一公馆

健一公馆客房的设计上，延续了酒店整体的设计风格，利用和发挥空间的结构特点，塑造空间布局合理、风格鲜明、氛围温馨的酒店客房环境，健一公馆客房设计在色彩上采用吉祥喜庆的米黄色，采用艺术壁纸，给客房提供温馨的艺术氛围，再配以小的装饰品作为点缀，营造出是舒适愉悦的氛围，更为客房的设计增加了几分传统色彩。客房采用古朴雅致的器具和家具，在灯光下让空间变得柔和，塑造出高贵、尊崇而又不失休闲的酒店客房格调。

健一公馆的客房设计在色彩上运用红色地毯配有淡紫色的窗帘以及淡黄色的灯光，体现出色彩对比的设计手法，装饰材料大量以实木为主，天花、床头背景墙的造型以及家具图案都精雕细琢、瑰丽奇巧。健一公馆客房设计以金黄色为主色调，在柔和光线及柔滑质感的结合下，营造出奢华精致的空间，增加空间的美感，细腻雅致的摆设散发一份别具慧眼的艺术修养。

GRAC-ELAND YARD HOTEL BEIJING

北京觉品酒店

觉品酒店位于后海与护国寺中间，什刹海风景区举步即至，风景旖旎，闹中取静，是一所具有禅宗文化特色的精品四合院主题式酒店。酒店由拥有五百多年历史的正觉寺改建而成，在北京若干四合院酒店中，唯有觉品酒店是建在古寺里，在皇城与市井之间，开创了属于禅心的空间，独具东方神韵。入住其中，不仅可以体会中国传统文化与民俗风情，还可感受到一种千年皇城底蕴与现代都市的缤纷交汇，一种清新雅致的禅宗文化与精彩纷呈的物质文明的激情碰撞。

客房内设计独具匠心，陈设全部采用古典家具，并饰以中式字画、古董及中国民族特色工艺品。8套客房风格迥异，豪华套房摆放现已罕见的高大木质雕花古床，墙上装饰着石雕佛像，透出古朴之感。更配有专属私密阳台，透过片片青砖绿瓦，可尽享北京四季的天空。让您尽情领略古都风韵，体味东方古典建筑之美，在舒适中亲身感受到博大精深的禅宗文化的深邃意境。

MODO-COM COTTAGE

茂德公草堂作为一个为城市新富阶层“找个地方躲起来”的休闲新潮流提供了匹配生活的隐居空间。设计师充分诠释了隐居地不仅仅是豪华，而是将豪华中的朴素，朴素中的奢侈，奢侈中的高雅，高雅中的清淡，清淡中的舒适全部都要表现得淋漓尽致。

茂德公草堂

卧室墙面那一块块普洱茶砖没有落叶归根，反而装饰着房间静放着醇香，不知将来哪年会泡成一缕香醇，卧室与浴池的地面以青砖地台的形式分割出来，再加上室内各式竹藤编制的家具及古典桌椅的摆放更透露着东方禅意，室内悬挂着灯笼形的小吊灯，昏黄中透着清雅，恍如自己就是在乡野间，这便是空间艺术润物细无声之处。

REGA-LIA
RESORT & SPA NANJING

南京御庭精品酒店

南京御庭精品酒店沿袭了其营造的舒适、恬静的度假风格，设计师将37间客房的私密空间进行了精巧的安排和细心的呵护，传达了安全和舒适双重信息。并且每间客房都能欣赏到秦淮河风光和600多年的明城墙风貌。

客房内部设计也独具匠心。卧室、客厅、卫生间、休息区没有十分明显的分界线，各个功能区域空间既分又合，具有丰富的空间层次变化。中国古朴的原木家具、西域风格的装饰画以及现代简约的空间造型，设计师将许多不同风格的元素捏合在一起，却又不显突兀，营造的氛围新奇而舒适。

卫浴间采用灰色粗糙与细腻的石材饰面，共同展示粗犷与简洁的设计语言，设计师力图将宾客从室外拉入岩洞感受沁凉，质感与色彩同时改变身体与精神的双重体会。

酒店拥有94间极具设计感的客房，均为人造大理石整体成形，墙壁、客床都呈现流水形态，灯光在室内巧妙营造出海洋与太空的唯美效果。从艺术品陈设到床单用具，设计的巧思遍布每一个细节，甚至门牌号都是以影像方式出现，将影像视觉与嗅觉、触觉充分应用在酒店设计中。

在酒店里，客人呼吸到的是充满了负氧离子的水的味道，看到的是如影随行的水的影像。设计师大量地运用光影科技，将影像通过灯光投射在地板上、墙壁上，营造出温馨浪漫的环境氛围。整体以蔚蓝色为基调，仿佛置身于天空和大海之间，呈现出辽阔、大气和永恒的色彩情感，令人陶醉于其中。

客房采用了不同的主题，极具设计感，或为航海帆船，或为碧海银沙。大到墙壁、客床、沙发、浴室、走廊，小到桌子、台灯及其他饰物，几乎所有的线条都是弯曲的，流动的，让人联想到水的灵动与优雅。灯光更在室内巧妙营造出海洋与太空的唯美效果，设计的巧思遍布客房的每一个细节。将其在时光流逝中对精湛工艺与华丽艺术的不懈追求精彩演绎，并与瀑布酒店穿越时空的经典设计不谋而合，让嘉宾在流光四溢的梦幻色彩中感受茵特拉根瀑布酒店倾心打造的设计生活之旅。

ZENSE HOTEL SHENZHEN

深圳昇逸酒店

深圳昇逸酒店位于罗湖区文锦中路与中兴路交界处，毗临东门步行街及深南大道，交通十分便捷。作为一个具有独特风格的商务酒店，将简约与尊贵完美结合，把生活、商务休闲、娱乐及惊喜完美地融合交织，体现出雅致的风格和十足的现代感。

精美独特的温馨客房，处处宣扬考究的装饰细节，现代风格的简单与流畅，配合完美的软装，透显出优雅的情调。在蓝紫色灯光映射下，营造出忧郁而神秘的色彩空间。极具装饰风格的墙画，充满了青春的气息和个性的特征，感观上形成一种愉悦的美感。各功能空间简洁明快，自然协调，相互呼应，使房间内传达出独有的设计语言，将时尚与精品完美结合。

YI
HOUSE BEIJING

北京一驿艺术酒店

客房内的颜色依旧沿用一驿艺术酒店的主体色调，再配以深蓝色的窗帘，呈现出一幅清新明快的画面。墙上的摄影作品与室内装饰中点缀的色彩颇为相似，设计师既考虑了艺术本身，同时也兼顾了空间色彩的搭配与点缀。

设计师并没有按照严格的风格去定义自己的设计作品，而是将各种元素混合形成设计师独有的设计风格。每间客房所展示的艺术品无一重复，无论是墙上的摄影作品，还是书桌上的各式工艺品，以及富有创意的家具本身，都采纳了运用东方的元素和西方的表达方式，这便是Shauna Liu 女士设计的魔法。同样，饰品也值得住客去鉴赏与把玩。客房内洗手间的细节也是毫不马虎，整体的白色空间透着洁白干净。

中为西用是一驿艺术酒店中非常明显的设计手法，西洋美学杂糅了东方传统元素。简约、明晰的线条是这里较为统一的元素，几乎出现在每个空间，那些交织的直线与独立的弧线用凝练的黑色出现在窗子与隔断上，清新的绿色和白色出现在家具上，后现代的白色形式出现在空间结构上。你不难发现，一驿的用色非常简单，除去灰色、白色加上一些绿色与黑色，几乎没有其他色彩，但正是这些充满简约意味的色彩，让大量的中式元素褪去了正统与严肃的视觉形象，带来了轻松的感受。

依照传统中式民居结构，锦宅为坐南朝北的院落，其南房为上房，将豪华套间设置于此，符合传统理念。客人坐在位于二楼70平方米的豪华套房内，凭窗一望，映入眼帘的是古城的青砖瓦顶。

设计师保留了老建筑的实木梁，将具有中国特色的装饰品至于梁上，填补了顶棚与梁之间的空洞，增加其观赏性。大量白色的运用将原有古老陈旧的东方家具印染出清新与时尚。卫浴间则在传统的框架上叠加现代人们的思想理念，卧于房子中间的摩登浴缸中欣赏此番美景，更是无比奢侈惬意的享受！

客房的设计从精美的古代木雕、窗棂，竹材地板到宣纸糊制的天花板，都使用了完全天然的环保材料。室内用品也颇具地方文化特色，床头用当地颇负盛名的推光漆加丝绸制成；床头柜此时也变成了中味十足的下卷家具；更值得一提的是，锦宅的床既有过去老式炕的风格又十分舒适；浴室中的洗手台也颇有几分古时宅院的特色，设计师别具匠心的编排出融合当地文化和现代趣味的惊喜之旅。现代设施如因特网、平面电视、床头灯巧妙地布置在房间内，使下榻在此的客人在感受古老历史氛围的同时，也享受到现代国际水准的豪华生活品质。

MAHA-YANA

MAHAYANA OCT BOUTIQUE HOTEL

大华兴寺菩提宾舍

大华兴寺菩提宾舍是以佛教文化为主题的精品酒店，坐落于东部华侨城华兴寺景区内，它将“禅宗”理念融入酒店设计当中，呈现“闲寂、自然、幽雅、朴素”的精神内涵。酒店倡导关注心灵文化，表现对人性的尊敬态度，更将山海之间独有的禅意世界呈现在都市人的眼前，让每一位客人感受妙在高顶，不可言传的精神体验。

大华兴寺菩提宾舍客房布置别出心裁，独具禅意，让您的修行之旅静谧无忧。香积斋以质朴、自然为设计风格，全部采用原木餐桌与座椅，极力突显实用与功能性。蒿草编织而成的镂空屏断，巧妙、完美地划分出一个个静谧的空间，而画有精致花纹的灯罩，将整个馆内的气氛烘托得恰到好处，韵味十足，让客人在此尽享人间美味，品自得悠然。

BODI
BOUTIQUE HOTEL SHANGHAI

上海博地精品酒店

上海博地精品酒店客房设计具有浓郁的法兰西风格和极富现代感的婉约风范，选用深色木制家具及极少的金属装饰，色彩以深褐色、红、白、银等色调相配合，通过简洁的造型营造出富有生命力和文化内涵的艺术空间。客房色彩轻松明快。构造上大量直线条的运用，使空间具备强烈的现代感与时尚气质。家私及配饰的布置摆放，看似随意，其实都是设计师对比例精确拿捏的体现。大胆采用红色为主调，局部配以深色作为点缀，让空间层次丰富起来，加上时尚的艺术地毯，尽显简洁华贵的风范 。

设计师以巧妙的手法将各种时尚元素混合统一融入在上海博地精品酒店客房设计中，在几十平方的空间内发挥得淋漓尽致，营造出一个梦幻般的童话世界。绚丽的色彩，迷人的纹样，奢华的材质，别致的造型，实用而强大的功能配置，处处体现出对品质生活的追求和向往。上海博地精品酒店客房的设计采用了流线形体和圆形设计，圆床和圆形造型的玻璃镜面搭配体现了浪漫、时尚的设计元素、床头背景墙的图案和地毯的图形产生呼应，使整个空间充满灵动的趣味，给人们带来新的寄居方式！

GRAN
MELIá HOTEL SHANGHAI

上海新天哈瓦那酒店

上海新天哈瓦那酒店的客房设计大胆而充满激情，无论从墙壁上的浮雕，还是亚麻的服饰，都为上海的哈瓦那酒店客房增添不可阻挡的魅力。整体墙面与天花造型形成呼应，以及真皮的沙发、时尚的茶几、台灯，搭配优美的艺术摆设，共同营造温馨典雅的气氛。客房墙面设计去除繁琐的线条，加以简化后的线条并重复的运用，营造出视觉效果。用简约的横平线条勾勒出空间的立体和美感，从而以最简练的语言来表达繁复古典的形态。客房设计既不过分张扬，又恰到好处地把雍容典雅之气渗透到每个角落，营造出古典华贵而不失优雅的格局。

上海新天哈瓦那酒店客房设计不论是床头背景墙的设计、天花吊顶造型还是沙发材质的舒适度、摆放方式的合理化都营造着客房主题气氛。沙发呈正统的摆放形式，简化的线条、粗犷的体积、自然的材质，较为含蓄保守的色彩及造型都以舒适为设计准则。深浅纹相间的石材茶几，设计了装饰性的床头背景墙，艺术壁纸、具有质感的地毯丰富了空间的色彩层次感。同时让人感受到极强的视觉冲击力，然后再用一些温暖的灯光去影响它，让客房变得柔和。让一切细腻的表现都存在一个和谐的氛围之中，处处显露心思，弥足珍贵，高尚格调的品味与奢华艳慕的生活达至平衡点，华贵由此璀璨盛放，同时了展现了优雅的一面！

SHANGHAI
The LANGHAM YANGTZE

上海朗廷扬子精品酒店

上海朗廷扬子精品酒店拥有96个房间，其中17间为套房，每个房间都标配了42寸液晶电视、DVD和特大浴缸等设施。作为一个装饰艺术的建筑，每个房间的格局都是独一无二的。其中部分客房拥有独立阳台或平台，让客人在喧嚣的城市中享受悠然静谧的空间。

客房以上海二三十年代最流行的装饰艺术(Art Deco)为主体设计风格，强调对称与和谐，并采用明亮绚丽的色调，夸张的几何图案装饰，以及明确的线条等，将朗廷原有的英伦贵族气质，融入浓郁的地方文化，把时间带回20世纪初旧上海的黄金年代，重现古典的华丽。从地毯、床头垫、落地灯到空调出风口等充满了Art Deco的细节，连墙壁上的挂画都是关于装饰艺术建筑的黑白老照片，任随时空穿梭，让人流连忘返。

GALL-
ERY
GALLERY SUITES
SHANGHAI

上海联艺凯文公寓

上海联艺凯文公寓拥有39间各类套房，所有套房均超过50平方米，整体设计汲取了来自中国香港和大陆的五位知名艺术设计师、建筑师的创作，客房内设计融合了现代中式元素与20世纪30年代风格的精要，极致地诠释出酒店的魅力与优雅。

ART DECO风格被表现于房间与公共空间内，大量怀旧元素、物件被设计师重新安排。墙面装点着中国传统的建筑照片，隔断采用了几种不同形式的古典风格装饰，其中怀旧元素与现代元素在整个空间中相互影响，又相互渗透，彼此和谐而完美地融入了时代的河流之中。

FUTIAN
SHANGRI-LA SHENZHEN

深圳福田香格里拉酒店

深圳福田香格里拉大酒店拥有设计时尚而高雅的客房和套房，在这里可以体验豪华而舒适的生活。客房在装潢中采用了华贵的深色木板，凸显其高贵不凡与时尚现代。舒适睡床和可供选择的羽绒被和羽绒枕，为客人带来温馨而舒适的睡眠。环形落地窗，将深圳市民中心公园及莲花山公园美景尽收眼底。宽敞大理石浴室，配有雨林花洒的独立淋浴，浴缸及液晶电视，这里是商务旅客或长期住宿的不二之选。

KEMPI-NSKI

HOTEL SHENZHEN

深圳凯宾斯基酒店

深圳凯宾斯基酒店位于景色宜人的深圳湾，作为深圳西区首屈一指的豪华酒店，凯宾斯基酒店整体的设计追求简洁而时尚，把古典构件与现代形式以新的手法组合在一起，形成传统与现代的室内环境。配备舒适的加大豪华床和液晶电视，朴实的背景色彩与柔和灯光则让客人倍感舒心，加上悠扬的背景音乐，营造出静谧的舒适感觉。

设计师运用传统与现代相结合的造型形式和装饰手法，把国画的传统元素通过重新组合出现在新的情境之中，在艺术的表现上更具有观赏性。在色彩的设计上，追求品味，注重和谐的色彩搭配，使用纯度较低的色彩使空间获得一种安静、柔和、舒适的气氛，带给人一种“私密性”和温馨之感，巧妙地营造出“家”的舒适感觉。

北京瑜舍酒店是一家典型的设计酒店，由日本著名设计师隈研吾设计；酒店的室内空间充满了典型的东方文化特色，突出了独特视角下现代东方文化的精髓。如酒店的名字一样，瑜舍的客房设计理念体现了主人对宾客的接待礼遇。干净的房间、宽敞明亮的环境、温暖的礼遇，都是酒店客房给客人提供的服务。

客房的室内功能布局同样体现了极简的风格，功能设置比较简单，没有了五星级酒店中常有的迷你吧等家具设施，这些功能被集中在酒店的特色酒吧内，以便客人可以在一个公共环境内感受到异国风情；通过木质材料来烘托空间的温暖感，木质家具和白色家具穿插使用，使空间中的色彩达到雅致的均衡效果；衣橱上的线条与木纹的天然纹理相互呼应，形成了空间中自然和人工的变化与统一。为了

突出室内空间的开敞明亮，设计师运用大面积的镜面来反射室内环境，形成了令人振奋的视觉效果。这种设计手法突破了以往酒店客房设计惯用的设计方式，充分地将床屏背景墙的造型作为镜子内的反射素材，从而形成空间中奇幻的效果；通过灯光装饰打破室内空间的宁静，在空间中形成张力。简洁的材料装饰与设计手法高度统一，木质材料增添了空间的自然特色。

客房设计突出自然亲切的主题，主要通过材质的对比来实现，木头成为室内空间的主要装饰元素。推拉的活动门节省了室内空间，同时方便客人的使用。卫生间的木质浴缸和洗手盆给客人形成了强烈的亲切感，给整个酒店客房增添了一种别致的趣味，并成为客房设计亮点。因为来这里入住的客人大多是世界各地到北京旅游的外国游客，因此酒店客房内卫生间的设计格外突出宽敞、明亮的特点。

PIERO-NE

BOUTIQUE HOTEL SHANGHAI

上海一号码头精品酒店

一号码头精品酒店是位于上海的一家经济型酒店，置身在一个名叫“梦清园”的活水公园之中。酒店的建筑属于老上海著名的“ART DECO”风格，是当年时尚和奢华的代表。酒店的客房室内设计风格自然体现了这种特点。

运用装饰性的造型将卫生间和睡眠区统一在一个房间之中，避免因为开放的功能分区形成混乱感。带有丝光感的地毯和复古的软包形成了奢华的空间氛围。

客房设计的时尚并没有只停留在表面的装饰语言之中，还突出反映在客房功能空间布局给人带来的时尚感，空间布局打破了传统布局方式，完全开放的卫生间和睡眠区之间形成了强烈体验感，充分显示了现代酒店设计的趋势和潮流。

URBN HOTEL SHANGHAI
上海雅悦酒店

运用回收的旧建筑材料装饰室内空间，突出减低碳排放的设计理念，在空间气氛上形成历史怀旧感，粗糙的材质质感与新的装饰材料之间形成强烈的对比。天花涂料的色彩与木头材质的颜色统一而协调，色彩面积及造型营造了室内空间稳重而温馨的气氛。

本酒店客房对空间层次的运用成为区别于传统客房的亮点，设计师运用空间层次变化与客房的使用功能相结合，营造了一种家庭般的亲切氛围；客房各个功能空间呈现开放式布局，取消了传统的门厅过道，直接进入开敞的会客空间。该空间与睡眠空间之间的划分通过地面的高差得以实现，并形成了室内空间的趣味性。

卫生间的浴缸与睡眠区之间运用别致的隔墙分开，在视线上形成屏障以保证一定的私密性。每一个房间的一侧还有通向室外的阳台，阳光和空气同样会进入到客房内，最大限度地保障了空气的流通性。

用竹竿制成的隔断可以很好地阻隔视线，保障了客人的私密性，并与木地板，木吊顶协调打造田园风情。竹子材料在雨天可以吸取一定的水分，晴天在太阳的照射下竹子水分的蒸发可以降低局部区域的温度，进而降低室内空调使用几率。每两间客房都有一个面向户外的平台，竹屏风保障了室内空间良好的自然通风。

客房内拥有豪华的浴缸，有自然采光的窗户，静谧及温暖的阳光给人以放松的心态。部分客房的会客空间与睡眠空间之间通过地面的高差来区分，这种划分营造了极强的家居氛围。天花的彩色涂料与木质背景形成一个“U”字造型，空间被色彩划分成两个有机的整体。

酒店的主要装饰材料采用了老旧建筑的建筑材料作为装饰语言，体现酒店建筑与历史、文化相联系，又使旧物件得以很好的回收利用。这些废旧建筑材料通过设计师的巧妙搭配，起到了不同凡响的效果。

LAPIS
CASA BOUTIQUE
HOTEL

酒店由18间客房组成，客房内的精品饰品和家具是酒店建设者精心打造的，设计者凭着对欧洲古老酒庄的热爱，将客房营造成了南欧和地中海地域的浪漫风情。

酒店由一个20世纪80年代老旧的招待所建筑改建成，建筑主体被保留，内部空间结构和装饰极具特点。酒店的名字“Lapis casa”源于拉丁文“偏紫色的宝石”，紫色象征着高贵，酒店的规格和定位就不言而喻了。

客房面积不大，浴室用透明玻璃隔开；卫生间的洗手台被巧妙设计成仿古的梳妆台，这与卧室镂空的仿古衣橱遥相呼应。中式古董床架构造简单，却蕴含有浓郁的老上海风情。美国顶级品牌的高档窗帘，在形式上加强了客房的浓郁历史氛围，时尚图案造型也如空气中的芳香缓和了老式家具可能带来的压抑感。

SHER-
ATON
ALOFT BEIJING

北京喜来登雅乐轩酒店

书写及会客区域集中布置，利用空间造型将家具功能结合在一起，节省了使用空间，连贯的造型元素靠窗放置也成为室外环境的取景框。睡眠空间的背景墙面由肌理丰富的装饰墙面构成，床上方的阅读灯造型简洁，集功能与装饰为一体。

MILLENNIUM HONGQIAO HOTEL SHANGHAI

上海千禧海鸥酒店

床屏采用柔软的装饰材料，可以增加客房的温暖感和亲切感。使用镜子和玻璃作为装饰材料，可以增加空间的豪华感。

在门厅的位置设计圆形的空间造型增添了室内环境的趣味性，壁挂电视与墙面造型的有机结合加强了空间的整体感。

YALO-NG BAY MANGROVETREE RESORT SANYA

三亚亚龙湾红树林度假酒店

将具有地域特征的建筑元素应用于客房空间设计中，会产生不同凡响的装饰效果，类似百叶的装饰隔断突出了东南亚的地域文化特色。半高的木质隔断围合的淋浴间与直接连通户外的落地窗，为客人营造自然亲切的归属感。

在墙面运用粗糙的表面肌理与细腻的装饰表面形成的强烈对比，突出休闲的装修风格。运用家具设计的语言装饰客房空间，可以营造具有独特地域文化的空间氛围。

位于三亚的红树林度假酒店的总统套房是酒店设计风格和服务等级的典型代表，室内设计风格集中表现了独具特色的热带风情。整个套房布局宽敞而明亮，高大的室内空间在设计尺度上突出其豪华感，热带风情装饰元素被熟练地应用于空间的装饰中。设计师运用大量具有地域特征的装饰图案作为装饰语素，提炼热带地区的建筑语言作为装饰符号，有机地运用于室内各个空间，并将所有空间连接成一个整体。

设计师运用比喻和象征的手法来突出海滨度假酒店的特征，会客厅内金箔壁纸贴面的装饰主景墙好似海浪打过的沙滩，具有强烈的动感。总统卧房的床屏运用热带植物装饰浮雕突出地域文化，由手工绘制的装饰墙面在红色和金色的相互交映中烘托出豪华氛围，并保持着文雅的格调。

色彩设计强调木头原始的色调，以表达自然、粗犷的热带情调。为突出套房的豪华感，将金色作为装饰色点缀在空间之中，并成为空间中的视觉中心。装饰品风格统一而富于变化，带有东南亚风格特征的家具和饰品与室内装饰饰面的色彩统一而协调，突出空间优雅的东方文化底蕴。

FUCH-
UN
RESORT HOTEL

富春山居度假酒店

客房设计风格如同酒店外观造型一样，充满大气、清雅的大家风范。中国家居的生活方式与现代酒店室内空间的有机结合，体现了富春山居酒店自身的文化定位和设计风格，摒弃了形式上的表面文章，使得室内的功能与装饰有机结合，相得益彰。

客房内通过深色的石材与紫檀色的木质材质与酒店本身的建筑风格相统一，同时将中式的设计风格微妙地体现出来。客房高大的室内空间也是一个亮点，这与中国传统建筑的室内空间尺度相一致。

睡眠空间也被设计成中国古典家具床榻的形式，用装饰性的隔断代替了传统家具的复杂形式，传统建筑文化被巧妙润饰于空间之中。

在空间处理上，中式风格的设计语言呈现系统的分配形式，建筑设计元素和主要装饰部位形成一个室内空间设计风格的系统框架，通过装饰材料的构成特性和材质肌理形成独特的室内空间气氛，整体充满了统一和变化的节奏感。

设计风格充满了中式的禅意，简洁的设计手法与家具等配饰相互搭配，统一而协调；高大的室内空间与装饰材料的肌理相互呼应。

卫生间没有独立布局，而是与睡眠空间连成一体作开放式布局，通过活动的装饰变得生动而有特色。运用中国传统建筑构件作为装饰语言，对开窗和隔断等进行装饰；大量运用简洁的照明方式，在空间中形成柔和而温馨的气氛。

采用中国传统装饰元素进行设计，家具与装饰隔断风格统一而醒目，地域文化特点突出。书写空间运用多重装饰元素进行装饰，书桌上的毛笔架装饰效果突出，中国风情浓郁。

卫生间功能设置颇具人性化，单个分开的洗手盆考虑了客人使用的私密性。睡眠空间与书写空间之间采用通透的隔断间隔，空间富有趣味性。

PUDI
BOUTIQUE HOTEL
SHANGHAI

上海璞邸精品酒店

一些高级套房内配备的厨房设有独立的就餐区域，卫生间内独立浴缸与客房之间采用通透的玻璃隔断，客人可以在浴缸内欣赏到电视节目，这些在豪华五星级酒店才具备的功能在这些客房中也得以体现。

套房的布局开敞而明确，每个功能空间都有明确的空间定位，通过家具的灵活摆放使室内空间开放通透，装饰内容丰富多彩。

PHILIPS

卫生间采用通透玻璃隔断作为墙，白色的卫生洁具与深色的大理石墙面形成鲜明的色彩对比。明亮的卫生间成为客房空间的一景，深色的木质墙面反衬了玻璃内的环境，具有框景的艺术效果。

图书在版编目（CIP）数据

酒店空间细部集成. Ⅰ / 北京吉典博图文化传播有限公司编. -- 武汉：华中科技大学出版社，2012.2
ISBN 978-7-5609-7714-0

Ⅰ. ①酒… Ⅱ. ①北… Ⅲ. ①饭店 – 空间设计：细部设计 – 世界 – 图集 Ⅳ. ① TU247.4-64

中国版本图书馆 CIP 数据核字 (2012) 第 025744 号

酒店空间细部集成Ⅰ　　北京吉典博图文化传播有限公司 编

出版发行：华中科技大学出版社（中国·武汉）
地　　址：武汉市武昌珞喻路 1037 号（邮编：430074）
出 版 人：阮海洪

责任编辑：赵慧蕊　　责任监印：秦　英

责任校对：王晓甲　　装帧设计：王伟光

印　刷：利丰雅高印刷（深圳）有限公司
开　本：990mm×1270mm　1/16
印　张：20
字　数：288 千字
版　次：2012 年 4 月第 1 版 第 1 次印刷
定　价：298.00 元（USD 59.99）

华中出版

本书若有印装质量问题，请向出版社营销中心调换
全国免费服务热线：400-6697-188 竭诚为您服务